TRAINING

# 修身顯瘦の零位訓練

讓身體部位回歸原始位置，
長年累積的深層負擔就會消失，身心賦活輕盈

ゼロトレ

石村友見 著 蔡麗蓉 譯

如同生出羽翼一般，
脫胎換骨成輕盈身體的關鍵，
便在於「零」。
就從今日起，
飛向零的世界去！

LANE
AHEAD

Chapter 0

Chapter 2

Chapter 3

## 零位訓練實際做看看！

## 【ZERO】

不管加上什麼數字，或是扣除什麼數字，都不會改變原始數目，非正數也非負數的數字。符號0。另外，用阿拉伯數字來表示零的時候，會以空位來代表。零的概念據傳是在西元五、六世紀左右，從印度有系統地發展起來。~摘錄自《大辭林》關於零字的解釋。

ZERO

Chapter 0

# 宛如生出羽翼般輕盈起來

「無論多美味的食物，
都比不上瘦下來的快感。」
——凱特·摩絲（Kate Moss）

相信在你小的時候，身體應該感覺更自由更輕盈才對。無論後背或是手腳，都是筆直伸展著，臀部及胸部也都呈現高挺的狀態。你不會害怕站上體重計，更不可能腰痛或肩膀痠痛。

但是隨著年齡增長，你的體重卻逐漸增加，體型漸漸走樣。

「我是過了三十歲之後，才突然開始發胖……。」

「我到了五十歲之後，身材卻突然走樣……。」

我常聽到大家這麼說，但其實這些都不是事實。人並不會「突然」開始變胖，或是「突然」身材走樣，而是長年在「某件事」的積累之後，才開始發覺自己的體重及身材出現變化而已。

所謂的某件事，就是**身體「萎縮」**了。

你的身體會因為各種動作及姿勢，導致不斷萎縮。例如你在看手機時脖子會縮起來，長時間坐辦公桌腰部會縮起來，一直站在廚房做家事雙腳會縮起來。

高齡者的後背會拱起，身高會變矮，正是因為身體萎縮起來的關係。究竟身體萎縮與體重及身材有何關聯呢？

## 為什麼身體萎縮會變胖？

身體的「萎縮」現象，主要分成二種。

一種是「關節」的萎縮。人類的關節與關節之間，原本存在一定的間隙，一旦間隙變小，關節的可動域（活動範圍）就會變窄。

另一種是「肌肉」的萎縮。就好比濕抹布變得乾巴巴後，會變硬縮小一樣，這種情形也會發生在肌肉上。

一旦身體開始萎縮，將會一路僵直下去，以防止身體繼續萎縮。於是無論在你睡覺、吃東西，或是和朋友談笑風生的期間，肌肉的「馬達」都會處在全力運轉的狀態。

我常聽到有人說，「後來才發現身體某個地方一直在用力」，這便是前文提到的情形，也就是身體發熱，甚至過熱了。如果不盡早按下「停止」開關，身體將愈來愈萎縮，愈來愈僵硬，陷入更加過熱的狀態。

這樣的狀態長年累積下來，將引發腰痛及肩膀痠痛，因此有些人才會某天肩膀突然抬不起來。

究竟這種「萎縮」現象，會對體重及身材帶來什麼樣的影響呢？

身體不斷萎縮，意味著身體各部位並沒有位於「原本的位置」上。當大腿內側的肌肉萎縮，臀部便會因為此處肌肉的拉扯而下垂；當脖子萎縮時，後背的肌肉也會因為此處肌肉的拉扯而萎縮拱起，最後連胸部都開始下垂。

畢竟身體每個部位都是相連結的，因此當一個部位萎縮時，就會因為這個部位的拉扯，連帶使其他部位也跟著萎縮，於是「身材」就會漸漸走樣。

或許你原本的「手臂根部」並不在現在的位置，你的肩膀位置可能在更下方，手臂理應更長才對，但由於脖子萎縮的關係，導致肩膀被往上拉扯，才使得手臂變短了。

其實身體的每個部位，都不斷在發生這種萎縮現象。

此外，關於「體重」的部分。

你一定也知道，體重取決於你所耗費的能量是否多於你所攝取的熱量。能量用得愈多，吃再多也不會變胖，但若是不去耗費能量，吃得愈多就會變得愈胖。

**一旦身體萎縮，肌肉變得僵硬後，動作就會受限，因此日常一舉一動所耗費的能量將會變得非常少，也就是「基礎代謝」會下降。**結果吃下肚的能量無法消耗，當然就會胖起來。

身體就像這樣不斷萎縮，所以無論是身材或是體重，才會一步步與你的理想狀態背道而馳。

## 不管怎麼減肥都沒用的原因

縮水的襯衫，得用熨斗燙過才能恢復原狀，而你的身體就和這件襯衫一樣。

在身體萎縮的狀態下，不管你跑步跑到如何大汗涔涔，又或者努力鍛鍊肌肉到絕望地步，哪怕你一再戒口減少食量、去報名昂貴的瘦身沙龍，都只有在一段時間內能瘦下來，**之後有將近百分之百的機率會受挫，或是復胖**。

畢竟你是因為身體萎縮導致基礎代謝變差，身材才會走樣，所以無論你做什麼，都會馬上故態復萌。

付出了那麼多，結果變少的不是脂肪，而是你的金錢與時間。

你不能一直穿著皺巴巴的襯衫，老做白費力氣的訓練，應該將襯衫燙平，回復到平坦的狀態。

如果你能做到這一點，就能找回如同生出羽翼般輕盈的身體。

## 「西貢小姐」與千瘡百孔的身體

我在二十幾歲的時候，曾是「四季劇團」的一員。我在小時候就很愛看音樂劇，十分憧憬舞台上的女演員，因此當我接獲拔擢為《獅子王》的女王沙拉碧一角時，開心到不能自已，還記得當時我在東京吉祥寺獨居的小房間裡哭個不停。

自四季劇團退團後，我一個人遠赴紐約，希望能演出百老滙音樂劇。

「我身為音樂劇演員，希望能一直從事這份工作，將感動傳遞給更多觀眾。我想站上世界級舞台磨練自己，持續精進。」

那時我的心中滿懷著夢想。

但是我並沒有一帆風順，光是想在紐約這座城市生活下去，就已經讓人精疲力盡。我在紐約街頭拜訪了超過五百家的模特兒經紀公司，不斷地參加試鏡，但結果卻慘不忍睹……，回想我在那個時期試鏡的次數，竟高達二千次以上。

那時我的身心已經千瘡百孔，後來發現，我光是連站立五分鐘都做不到，一整天二十四個小時身體都感到沉重無比，又痛又無力。但我還是一心想要參加試鏡，賣力完成超出常人的運動量，飲食也嚴格限制，儘管我總是處於空腹的狀態，卻還是莫名地發胖。

每次在鏡中看見自己這番「毫無演員氣質」的模樣，只會不停地厭惡自己。

「費盡千辛萬苦來到紐約生活，沒想到不但無法成功，甚至連挑戰的機會都沒有。」那陣子，我只能日復一日地責備自己沒出息。

身體不適的原因除了壓力之外，還有一點就是「錯誤的減肥方式」。

「我不想輸給外國八頭身、九頭身的模特兒及舞者！」

在這般焦急的情緒驅使下，我魯莽地嚐試好幾種減肥法，結果只是一再復胖。又因為我同時在進行十分嚴格的鍛鍊，最終搞得身體精疲力盡，連五分鐘也站不了。我只是一直在損失金錢與時間。

當時我的心裡總是想著：「沒事的話好想趕快回家」、「外出購物得一直站著，簡直身在地獄」、「好想躺下來」、「什麼都不想做」、「希望誰能幫我按摩放鬆一下」……簡直就像是半個病人。

在那樣的日子裡，突然某天有個驚人的好消息從天而降，**我通過百老滙舞台劇《西貢小姐》的試鏡了**。我一直夢想的百老滙舞台，這是夢想成真的瞬間。我一面感謝神明，一邊盡心盡力演出「Miss Chinatown」一角。

只不過激烈的排演與眼光銳利的紐約觀眾所帶來的壓力，令我的身體更加千瘡百孔。

「是時候暫別舞台了。」

我在演出《西貢小姐》的二〇一二年年底，做了這個決定。我記得那年紐約冬天的低溫，更是教人倍感寂寥。

## 「腳跟重心」的魔法

正當我想要好好保養身體，慢慢恢復健康的時候，發生了一件事情徹底改變了我的人生。

那時我人在曼哈頓市中心，位於四十四街第八大道旁的瑜珈教室。

**「接下來，請各位將腳尖抬高，將重心移到腳跟站好。」**

我依循講師的指示將腳尖抬高，接著將重心移到腳跟，就在這瞬間，我宛如生出羽翼一般，**身體變得輕盈！之前糾纏在身上的沉重感、無力感及疼痛，竟然在一瞬間消失了**。我驚訝不已，不加思索地脫口說出：「怎麼會這樣？」

我無意間看了一下鏡子，原本一直認為「很粗壯」的身材，突然感覺「變纖細」了。當時如奇蹟般的感受，至今我仍記憶猶新。

**「只是移動重心，人的身體居然會變得如此輕盈、如此纖細！」**

從那天起，我開始欲罷不能地投入研究。

「只是將重心移往腳跟，為什麼身體會變輕變瘦呢？」

「只有我會出現這種感覺嗎？」

「究竟要怎麼做，才能讓更多人親身體驗到這種愉快的感覺呢？」

後來我到處走訪曼哈頓市內的瑜珈教室，只要聽說哪位一流講師的研討會上完後「對身體健康十分有助益」，我幾乎都去參加，因為當時的我滿腔熱血。

## 「一小時腰圍就能減掉7．5公分！」

後來我在曼哈頓開設了瑜珈教室，不斷鑽研，想要設計出任何人都學得會的方法，讓人可以「全身放鬆保持舒適的正姿」。就在此時，我發現了將身體各部位的位置「回歸原始位置」的重要性。

我將這個位置稱作「零位」（Zero Position）。

唯有讓各部位回歸零位，才能讓身體回到前文提到的，不會「萎縮」的狀態。因為身體萎縮時，各部位的位置便無法位於原始位置，因此反過來說，**回歸原始位置後，照理說就能解決「萎縮」的問題**。

這就是我的見解，於是我日復一日不斷研究，做什麼運動才能讓身體回歸零位。我研讀了解剖學與運動學的論文，更親身試驗、反覆鑽研，最終才慢慢釐清了這套「Zero Training」，俗稱「零位訓練」的架構。

我讓瑜珈教室的學員實際體驗過後，他們也紛紛浮現驚訝的表情。

**「就好像不是自己的身體一樣！」**

就這樣，在紐約愛好運動的人士之間，我的課程開始好評不斷。

「上過友見的課之後，一小時腰圍就瘦了3吋（約7.5公分）！」

「才做了五分鐘的運動，臀線就提高了。真是不可置信！」

「我做了友見指導我的伸展操，身高居然長高了1吋（約2.5公分），到底是施了什麼魔法呀！」

轉眼間，好評一傳十十傳百，知名好萊塢明星、頂尖模特兒、主播、機師、律師、鋼琴家、運動選手、企業高層等等，飽受減肥及身體不適之苦的各界成功人士，紛紛前來向我報名私人訓練課程。

甚至年逾九十歲的高齡者、孕婦、七歲兒童，也都來上我的課。

就這樣，我開始指導不同年齡層、不同職業、不同性別的學員進行美姿課程。我的課程只有一個重點，就是使身體重生的「零位訓練」，讓身體的各個部位回歸到原來的「零位」。

透過零位訓練可以提高基礎代謝，增加熱量消耗，改善身體機能，進而擺脫身體不適。於是陸續有人漂亮地瘦下來，有人改善了身體不適，後來「友見的零位訓練很神奇！」這樣的好評，便在以挑剔聞名的紐約客之間瘋傳開來。

## 「一個人也能做」的堅持

紐約客對於「零位訓練」的好評，不久後也在日本的企業高層間慢慢擴散開來，後來為了教授私人訓練課程以及媒體採訪，我不時會回到日本，有時候一天甚至得上到十個人的私人訓練課程（一人一小時，合計為十小時）。

我家裡還有一個小小孩，因此對我來說，能夠待在日本的時間，每次大約只有一週左右。

在有限的時間裡，我希望能讓更多人親身體會到「身體有如生出羽翼般輕盈」的感覺，於是在這種想法驅使下，我的行程表安排得十分緊密。

在這段期間我非常擔心一件事，那就是我只能和接受私人訓練課程的學員相隔幾個月見一次面。因為我平時都待在紐約，所以回到日本指導學員做「零位訓練」後，下一次見面最快也要幾個月之後，有些人甚至只能見這麼一次。

也就是說，上過我「零位訓練」課程的學員，即便往後我無法貼身指導，他們也必須能夠自己進行訓練才行。

我能觸摸他們的身體，示範給他們看的機會，僅有區區一次。接下來他們必須自己持之以恆，才能展現成果。

因此我認為，必須能夠在家「一個人進行」訓練，而且要能「輕鬆地持續下去」，直到我能教會他們這套方法，「零位訓練」才能真正成為他們的東西。

於是我開始研究「一個人也能做的零位訓練法」，並且傳授給日本跟紐約的學員。之後過沒多久，體驗過「零位訓練」的人，紛紛心情激奮地捎來感謝信函。

「我的裙釦往內扣了兩格，身體變得好輕盈！」

「我的腹部從來不曾這樣平坦過！」

「我不會腰痛了，而且還能長距離步行！」

「我的肩頸不再沉重，能夠好好入眠了！」

「我的腰圍少了7公分，能夠穿上好看的衣服了！」

「我的身體變得好輕盈，實在不敢相信！」

每次當我收到這樣的電子郵件，就會覺得能夠開發出「零位訓練」真是太好了。更重要的是，即使我沒有在一旁陪同，大家還是能靠個人意志堅持下去，然後展現成果，我實在好感動。

於是在我的心中，想為更多人解決身體煩惱的想法愈發沸騰，所以才會寫下這本書。

我相信「零位訓練」能為大家解決體重以及身材的煩惱。

但是實際上效果還不僅止於此。

當你的身體變輕盈，各部位的動作變順暢後，相信你會驚訝地發現日常生活變得更舒適了，有時甚至連長年困擾你的身體不適，也會瞬間消失。

當身體重生之後，你將萌生自信，充滿活力，因此「零位訓練」除了能改變你的身體，甚至還能夠改變你的人生。

我曾在曼哈頓的瑜珈教室體驗到將重心移至腳跟站立後，使身體位置回復原位的衝擊，也體驗到總是沉重無比又全身無力的身體，突然有如生出羽翼般的衝擊，所以我希望你們也都能體驗看看這種感覺。

倘若本書能成為一個契機，讓你的人生好轉的話，我將備感榮幸。

現在就來進入「零位訓練」的世界吧！

# 我的「零位訓練經驗談」

「零位訓練」只需四週時間就能看出成果，其中更有人在一週內減去了十三公分的腰圍！

除了體重及身材會像這樣出現變化之外，更有人陸陸續續反應，長年困擾他的身體不適獲得改善。接下來，就來與大家分享這些經驗談。

＊已徵詢當事人同意，以真實姓名刊載。

## 「像游泳圈般的腹部贅肉消失了！」

吉田美樹小姐　（43歲，女性）

產後的身材令我十分沮喪，心想只能放棄充滿女人味的纖細身形了，沒想到做了「零位訓練」之後出現了戲劇性的轉變！我的腰圍居然在1週內減少了13公分，令人不敢置信。不但像是游泳圈般的腹部贅肉不見了，胸線還往上拉提，甚至能穿上懷孕前的洋裝了。

-13 cm 腰圍 1週內

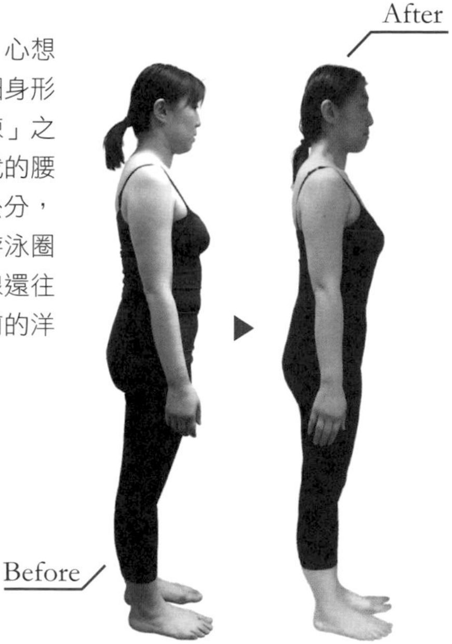

## 「長年困擾我的肩頸疼痛消失了！」

門馬賢史先生　（40歲，男性）

**-7 kg 體重**
**-7 cm 腰圍**
**3週內**

20年來我胖了20公斤，為了讓身體重生，於是開始進行「零位訓練」。我本身患有慢性咳嗽症狀，幸好零位訓練並非激烈運動，不會使人喘不過氣，對於身體的負擔較少，大家參閱照片就能看出我神奇地瘦下來了。除此之外，之前每天像是落枕般的肩頸疼痛也消失了，身體柔軟度更是明顯提升。後來我打高爾夫的成績變好，週遭友人無不驚訝不已。我在持續做了6週之後，體重掉了8.6公斤，腰圍更減了10公分。

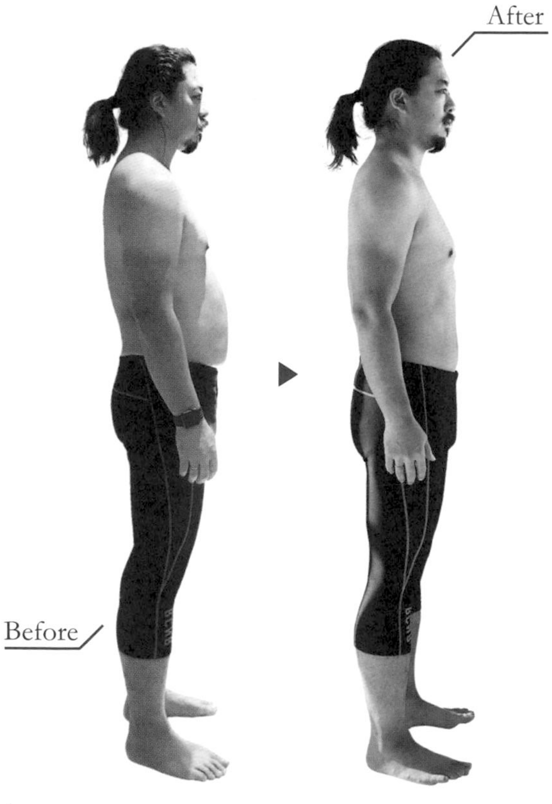

## 「達到個人史上最佳身材！」

岩木智依子小姐　（30歲，女性）

-14 cm 腰圍
-7.5 cm 臀部
4週內

我曾經用激烈的無醣減肥法瘦了15公斤，但是沒多久就復胖了，體重甚至比之前更重。當我下定決心：「我不是為了別人，而是自己想要變美！」便開始進行「零位訓練」。經過4週之後，我的腰圍和臀部都戲劇化地變小了。雖然到第3週體重只掉了4公斤左右，不過當時的身材已經和之前減了15公斤的時候差不多，還能穿上最瘦時期買的洋裝，這點實在讓我備受衝擊。現在我的身材已經是個人史上最瘦的狀態了。

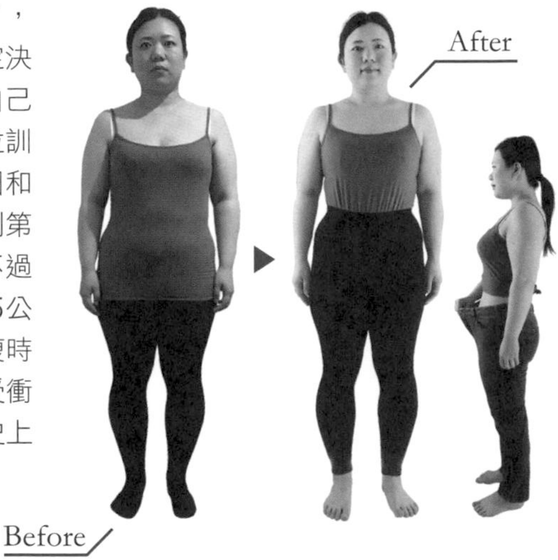


## 「走路方式、姿勢皆劇戲性地改善了！」

平田彰先生　（43歲，男性）

-4 cm 體重
-5 cm 腰圍
4週內

1週內我的體重掉了2公斤，腰圍減了2公分，使我驚為天人。4週後新做的西裝腰圍變得好鬆，甚至得重新訂製。長年來的駝背現象也戲劇性地改善，朋友都稱讚我的走路方式與姿勢變好了。躺著進行的「零位訓練」對身體的負擔少，就連去外地出差也能輕鬆進行鍛鍊。

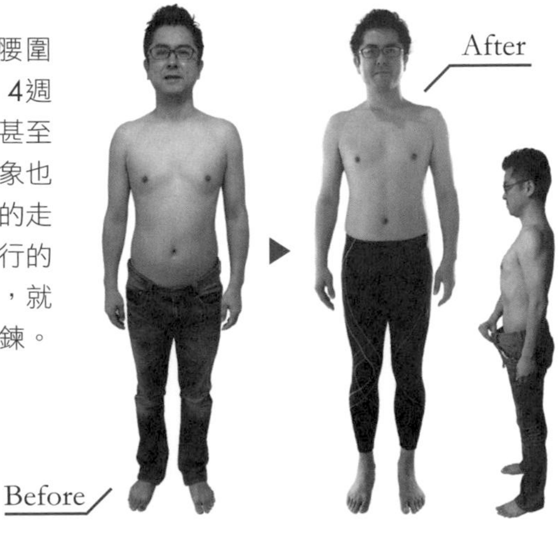

## 「五十四歲的身體也能有所轉變！」

乙益邦隆先生 （54 歲，男性）

**-16.2** kg 體重
**-13.5** cm 腰圍
4週內

我的體重變輕，腹部周圍也順利地變小了。之前我罹患疾病，頭部不太能轉動，時常造成別人的麻煩，因此很沒自信，沒想到54歲了身體還能出現轉變，讓我重拾自信。不但淺眠情形有所改善，感覺全身充滿活力，就連記憶力也回復了。

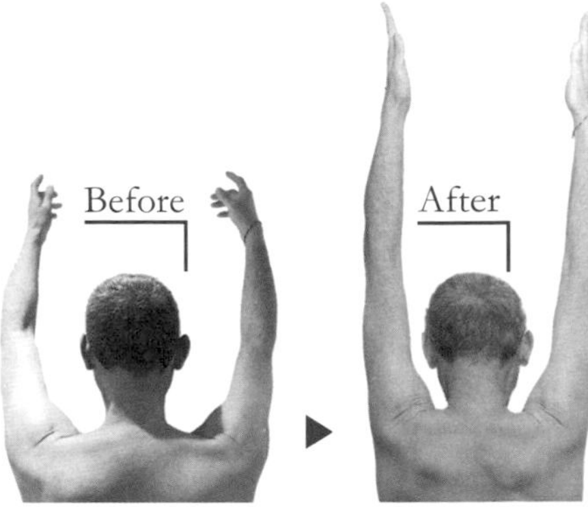


最大的改變是，之前因為「五十肩」的關係手臂只能舉到一半高度，現在竟能筆直高舉了。使我切身體會到，身體重生會對一個人的思想帶來莫大影響。

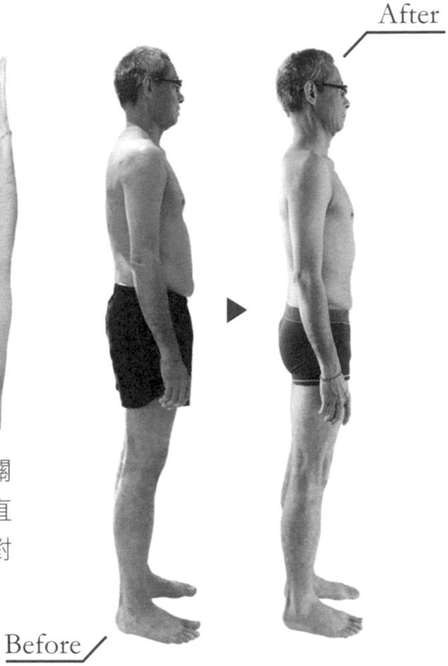


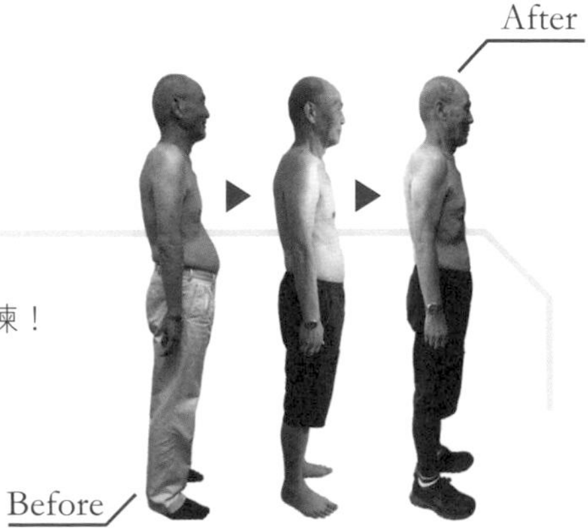


作者石村友見的父親也有挑戰零位訓練！
3週內腰圍減少了5公分。

# Chapter 1

# 回歸零位後 身體會有什麼不一樣

「那一天，說不定會遇到命運中的那個人。
為了命運的安排，我要盡可能地可愛才行！」
——可可．香奈兒（Coco Chanel）

## 母親彎曲成く字型的身體

對人類而言，「萎縮」是種宿命。「萎縮」的英語寫作「Shrink」。用動詞表現的話，寫成「to become smaller」（減少、變少）。總而言之，「萎縮」就是指變得比原來的尺寸還要小。

關於身體的「萎縮」，有幾個原因。**一為「肌肉」萎縮，另外還有引發肌肉萎縮的因素，就是「姿勢」萎縮。**長時間維持同一個姿勢，或是日常生活總是呈現不良姿勢的話，肌肉會由上開始潰散，進而萎縮。

舉例來說，我們在看手機時會將頸部朝下傾斜十五度，實際上這樣將導致頸部承受二十五至三十公斤的重量，在這個重量影響下，肩膀將會往前捲曲，使肩頸及背部逐漸萎縮。

**我們的肌肉為了承受這個重量，於是會緊張、萎縮、持續變得僵硬，導致身**

**材逐漸走樣。**

另外，**當「細胞」死亡，「體液」減少時，身體也會漸漸萎縮。**這部分屬於單純的生理現象。

脊髓當中存在可吸收衝擊力的「椎間盤」，這個軟組織幾乎是由水分（生物水）所組成。椎間盤的水分在嬰兒時期佔了八八％，自二十五歲起會開始慢慢遞減，高齡者會減少至五〇％上下。

人體有七〇％是由水分組成，不光是椎間盤，身體四處的水分也都會逐漸減少，因此身體會跟著萎縮。就算在現在這個瞬間，你的身體同樣在持續萎縮。

**當你覺得父母上了年紀之後，身高看似愈來愈矮了，這並不是你的錯覺，而是真的萎縮了。**

接下來，請容我稍微聊一下我母親的故事。

我長期待在紐約，一年還不一定能夠見到住在日本的母親一面。而事情就發生在二〇一六年的秋天，我聽說六十七歲的母親因為感冒久病不癒，導致身體從腰部彎曲成「く字型」，後來只能拄著拐杖走路。

「光是站著都很吃力，而且這種情形已經持續了一年以上。」聽到這個消息後，令我震驚不已。

資料顯示「人只要一直躺在床上四、五天，肌肉量就會下降〇・二%」，可見肌肉衰退速度之快。倘若不去理會「肌肉流失」的問題，會變成怎樣呢？

答案很簡單，就會迅速演變成「臥床不起」。

回顧我年少時期，生活絕對稱不上富裕。

四張塌塌米大的屋子裡擠了一家四口，小朋友的浴缸就是洗衣機（很令人不可置信吧，但這是真的）。

母親兼了二至三份工作，不停工作幫忙支撐家計。

因此烙印在我腦海裡的母親印象，長達三十年以上一直都是開朗積極、勤勞堅強的女性模樣。看見母親的身軀萎縮成這樣，實在叫人難受。

但是思考過了一陣子之後，我便能慢慢接受這個事實。

「人只要正常過日子，都會逐漸萎縮。」

正因為我發現了這樣的真理，才會追根究底不斷思考：「為了避免這種情形，究竟我們該怎麼做才好？」

也就是說，不斷萎縮的母親成為在背後支持我的力量，激勵我開發出「零位訓練」。所以我必須好好孝順母親，努力回報她才行。

## 只要改善萎縮狀態，血液也會變得清澈

接下來，再回到身體萎縮的話題。

無論任何人，只要還活著，就會一直不斷地萎縮。

但是請大家放心，肌肉萎縮是可以靠一己之力回復原狀（歸零）的。

而且只要讓肌肉的萎縮狀態回復原狀，你將變得更加活動自如，身體的水分也會增加。如此一來，便能減緩老化速度。

佔據身體約七〇％的水分，包含了淋巴液、血液、腦脊髓液等等（大部分皆為血液）。而肌肉能發揮類似幫浦的作用，將滯留在全身的血液傳送出去，因此只要活動肌肉，就能使全身上下充滿血液。

如此一來，滯留在皮膚底下的老廢物質便容易排出，**使清澈的血液開始循環全身**。順暢流動的血液能將氧氣運往全身各處，於是所有的疾病及癌症終將遠離，還能看出恢復疲勞的效果。

此外，當我們不再萎縮後，關節內水分不足的現象便會消失。這就像是運轉不順的零件加了潤滑油，所以關節能順暢地活動起來，日常生活的一舉一動也會變得輕快。

**接下來，基礎代謝會提升，即使單靠日常生活的活動量，也能變成容易燃燒脂肪的體質**。如此一來，體重當然容易往下掉，而且減肥後也不會再復胖。

人不可能永遠都在減肥。靠慢跑瘦下來的人，只要停止慢跑就會變胖；靠限醣瘦下來的人，只要再次開始攝取醣類就會胖起來（想必在大家的周遭應該有很多人都是這樣吧）。

成功的減肥法只需要一個條件，那就是「停止減肥後，身體還是能夠自己持續燃燒脂肪」。唯有「零位訓練法」，才能達到這個要求。

## 體重沒變，腹部卻戲劇化變平坦的原因

第33頁下方的照片，是我七十一歲的父親實行零位訓練三週後的變化。

我希望大家注意的地方，是他的腰部位置。原本我父親的腹部像妖怪一樣突出，後來回復到「像人類的輪廓」。

雖然他原本的體重並不重，但在腹部凸出的影響下導致他身患腰痛。當他進行零位訓練後，體重減少了一些，腹部明顯變緊實。在腹部變緊實後，整個身形變得更好看，臉部也往上拉提，充滿男人味，看起來年輕了十歲以上。

三週後，父親笑著跟我說：「這好像不是我的身體一樣！」此時長年折磨他

的腰痛也幾乎感覺不到了，宛如生出羽翼般地全身舒暢。

**經過測量發現，我父親的腰圍，居然少了5公分。**

明明體重沒有多大變化，為什麼會出現這種情形呢？像我父親這樣，手腳及上半身都不胖，唯有腹部肥滿凸出來的人，似乎不在少數。

這類型的人，很容易被判定為「內臟脂肪過多」，但是事實卻未必如此。至少我父親就不是這樣，因為他的體重並沒有多大變化。

實際上，很多人都很煩惱一個問題，那就是**明明體重比年輕時沒重多少，為何身材卻大大走樣？**後續我會再詳細說明。

其實零位訓練除了能讓身體各部位的位置回復到原始的零位之外，同時還是一種能夠鍛鍊到體幹的運動。

總而言之，大部分做過零位訓練的人，**「都能在改善身材的同時，還能順便燃燒脂肪減輕體重」**。實際上，我的學員當中就有人一個月瘦了九公斤，此外陸續有人瘦了五公斤、七公斤。儘管如此，我會刻意介紹我父親體重沒多大變化的案例，其實是想讓大家了解，造成腹部肥滿凸出的原因並非在於內臟脂肪，而是在於「腰部的位置」。

以我父親為例，由於缺乏運動、長時間坐著工作以及姿勢不良等因素，才導致腹部無力，使得腰部從原本的正確位置往前凸出，於是內臟及脂肪才會被推擠到前方來而已。

因此，之前只是腰部線條不見了，看起來肥胖罷了。

觀察照片即可明瞭，我父親頸部及腹部從往前凸出的位置，逐漸往後方移動，三週後全身便往內側縮回來，身材也變纖細了。

隨著日子一天天過去，腰部位置一步步接近零位，最後光是站著就能使必要的肌肉變得緊實拉提。

大家肯定知道，肌肉比脂肪重。像我父親的案例，原本脂肪量就不是太大問題，因此在脂肪變化成肌肉的過程中，體重是很難降下來的。但是由於腰部位置出現了劇戲性的改善，因此凸出的腹部才會神奇地凹陷下去。

就像我父親這樣，只要讓腰部回歸零位，除了腹部之外，全身體型都能獲得改善，讓你的身材變纖細。

實際上，許多體驗過零位訓練的人，無論男女都能在區區一小時內，讓身材變得凹凸有緻、緊實窈窕。

零位就是蘊藏了如此神奇的力量。

那麼，我們該讓身體的哪個部位回歸零位呢？

## 幫助成功瘦身的五大零位訓練

身體的每個地方都萎縮了，因此各部位才會從原本的位置（零位）嚴重位移，於是代謝及血液循環變差，人會變胖，身材走樣，並且引發不適症狀。

由我研發出來的「零位訓練」，能將萎縮的地方伸展開來，藉此使各部位回歸零位，因此不論體重或是身材都能達到理想的狀態。

單純減輕體重毫無意義。

模特兒菜菜緒小姐曾經說：「我不在乎體重，我只重視體態。」她說的一點也沒錯，就算體重減輕了，但要是背部拱起，臀部下垂的話，根本稱不上好看。

這點也可套用在男性身上。紐約一流企業的高層人士，他們注重的不是體重，而是「外表」，也就是身材與姿勢。

因為大家都知道，在商場上唯有好看的外表，才能左右對方的第一印象。

正因為如此，「零位訓練」才會將重點放在塑造美麗的體型。

究竟身體的哪個部位需要回歸零位呢？需要回復零位的部位為以下五個地方：

1. 頸部。
2. 肩膀。
3. 後背。
4. 腰部。
5. 腳趾。

本來我們在無意識間就會自行調整使各部位回歸零位，例如一直前傾時會偶而伸展身體，睡覺期間也會翻身。

我們會自然地做出使各部位回復「原始位置」的動作，只不過光靠這樣是無法完全調整回來的。身體愈操勞的人，光靠自然的回復力根本來不及調整。

因此我們得特別留意，必須讓上述提到的「五個部位」回歸零位。透過「零位訓練」使各部位回歸零位之後，站立時「耳朵、肩膀、手肘、手腕、膝蓋、腳踝」就會與地面呈垂直，連成一直線。

接下來慢慢地將雙腳腳尖抬高，再讓重心放在腳跟上，此時如果直立站著也不會傾倒的話，零位姿勢便大功告成，這將成為你強韌有彈性的中心軸。

如此一來，你的身體就會有如生出羽翼般輕盈，並且感覺呈現「無重力狀態」（Zero Gravity）。

有一個曾在紐約體驗過這種狀態的人表示：「說不定我能用這樣的狀態一直跳舞長達三個小時！」這會讓人產生一種錯覺，就像是成為一流芭蕾舞者一樣。

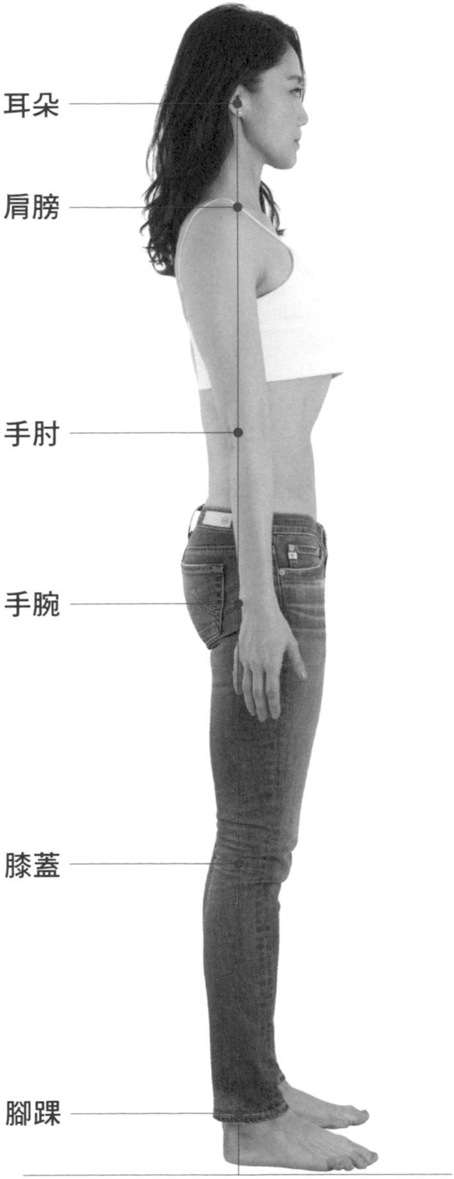
耳朵
肩膀
手肘
手腕
膝蓋
腳踝

實現零位之後，身體會形成中心軸，於是能抵抗重力，以最有效率的方式支撐身體，因此手腳能從「重力」獲得解放，用最少的能量發揮出最大的力量。

最後，實現終極輕盈的「無重力狀態」。

此時，相信你就能達到理想體重與身材了。

## 掌握關鍵的「腰部」零位

當五個部位——頸部、肩膀、背部、腰部、腳趾都能回歸零位，並且以此狀態站立後，**重心會比一般所謂的「正姿」要來得更往後一些。**

藉由這個姿勢，腹部深處自然會用力，進而鍛鍊到腹肌，使全身下垂的肌肉緊實拉提，姿勢自然就會變美。

進行零位訓練，身體回歸零位之後，自然而然就會以腳跟為重心，與地面呈垂直站立。藉由這種狀態，單靠平時「站立」、「步行」等一舉一動，也能自然而然地像是在做運動一樣。

若是能夠做到如此境界，就要恭喜大家了。因為在日常中的所有狀態下，身體都能「自行」鍛鍊，所以你幾乎不再需要慢跑、做肌肉訓練或控制飲食了。

容我重申一次先前提過的重點，因為這點非常重要，那就是人不可能永遠都在減肥。成功的減肥法只需要一個條件，那就是停止減肥後，身體還是能自行持續燃燒脂肪。

事實上，體驗過零位訓練的學員，在結束一段期間的課程之後，完全不需要做運動，還是能維持窈窕的身材。

五個部位當中，最重要的部位就是「腰部」，因為腰部是能穩定全身的重要部位。有些人走路時，腳底踏在地面會發出「咚嚇、咚嚇」的聲音，跑步時也一樣，隨著「咚嚇、咚嚇」的聲音之外，身體還會大幅搖晃，大汗涔涔的程度更甚他人。

這些人的腰部位置大多都脫離零位了，正因為身體最緊要的腰部沒有位在原始正確的位置上，才會出現多餘的動作。誠如先前介紹過的，我父親在實行零位訓練前，就是處於這種狀態。

反觀腰部位於零位的人，腳步聲音就會很小聲。「不會發出腳步聲」也就是指幾乎不會對身體造成衝擊，因此無論走路或是跑步，身體各部位都不會疼痛、全身沒有一處會感覺沉重。

腰部內側，存在唯一一個連接上半身與下半身的深層肌肉（位於身體深層部位的肌肉）。這個深層肌肉具有一個令人開心的特性，那就是「將氣吐盡就能鍛鍊得到」。

所以無須仰賴專業訓練器材，只須有意識地呼吸，就能使深層肌肉有效運作。一邊走路、一邊做家事、一邊帶孩子、一邊通勤，在日常生活任何狀態下，都能轉變成在做運動。

當我父親讓身體最關鍵的腰部回歸零位後，腹部便神奇地凹陷下去，更不再受腰痛所苦，舉凡走路、站立、坐著、睡覺之類的動作，也比以往輕鬆許多。大家仔細觀察後可發現，「腰」這個字其實裡頭包含「要」這個字。

## 「間隙」更能使人變年輕

在本章最後，要來談談為什麼身體回歸零位後，身體就能恢復年輕狀態，日常生活得以更加舒適愉快。

你聽說過終極的抗老法（回春法）嗎？

就是「在體內製造間隙」。

原本關節與關節之間，存在著一定的間隙，藉此關節才得以順暢活動。但是隨著年齡增長，肌肉逐漸萎縮，水分（生物水）會減少，使得關節與關節之間的間隙消失。

如此一來，日常中的一舉一動就會變得不順暢，而且血液循環會惡化，肌肉疲勞將難以恢復，老化（Aging）情形也會加速。

進而發生諸如腰部不容易伸展開來、手臂很難舉高、疲勞消除不了……等現象。

反觀若是存在「間隙」的話，關節便容易活動，日常一舉一動也會變得順暢。**於是血液能循環至全身每個角落，使肌肉疲勞容易恢復，因此老化速度便能減緩。**

原本我們體內就擁有大約四百個關節，而零位訓練能擴展關節的「可動域」（可動範圍），幫助我們找回柔軟度，將能力發揮至極限。所以日常的一舉一動愈順暢，愈能看出各種抗老化效果。

過去你的日常一舉一動，或許像馬口鐵玩具一樣，活動起來十分僵硬，但是只要你開始實行零位訓練，你的手腳、肩膀及髖關節，就會如同「上了油」一般，變得順暢無比。

這就是因為身體的萎縮現象改善了，關節之間形成「間隙」的關係。

襪子變得很難穿。
會在平坦的地方跌倒。
感覺不容易回頭向後看。

發現上廁所後擦屁股不順手。

需要花一點時間，才能從椅子站起來。

當你在做以上這些日常動作感覺不順暢時，只要讓頸部、肩膀、背部、腰部、腳趾這五個部位回歸零位，相信就能找回活動自如的感覺，而且你還會發現，手腳變得比之前更長了！其實你的手腳，遠比你所知道的還要更長更輕盈，更能隨心所欲地輕鬆活動。

BECOME A
PART OF
2014
To
W 45 St
SONY
LOCAL/EXPRESS

SCORE! BEST CHOREOGRAPHY
2012 TONY AWARD WINNER!
TRIUMPH!”
Bloomberg NEWS
Disney
NEWSIES
LG
Life's Good!
FOREVER
21
FOREVER 21
U.S. POLO ASSN.
LIVE AUTHENTICALLY
sunglass hut
NEED INFO?

# Chapter 2

# 看看你的零位
# 走樣到何等地步

「全看你是否做好心理準備。」

——黛安・馮・佛絲登寶格（Diane von Furstenberg）

## 「腰部」走樣全盤皆毀!?

頸部、肩膀、背部、腰部、腳趾，這五個部位一旦沒有位於零位，身體便無法抵抗重力，使得全身上下的位置發生異常。如此一來，身體就得一直承受過量負荷，於是萎縮的情形也會加劇。

當五個部位處在理想狀態（零位），**站立時「耳朵、肩膀、手肘、手腕、膝蓋、腳踝」就會與地面呈垂直，連成一直線。**

每個人的狀況不同，有些人是肩膀特別萎縮，有些人則是背部特別萎縮，存在個人差異。但是人體的每個部位並非個自獨立，而是彼此相連，因此只要頸部萎縮，肩膀也會跟著萎縮，進而導致背部也萎縮起來……，就像這樣，全身都會逐漸萎縮，以致於身材走樣。

尤其是身體關鍵部位「腰部」走位的人，其他部位全部沒有位在零位上的可能性非常高；反過來說，腰部能位於零位的人，其他部位大多都能位在零位上。

## 各部位的零位說明

能讓身材變美，光靠日常活動也能使身體容易燃燒脂肪的「零位」，究竟是怎樣的狀態呢？以下為大家分別彙整出五個部位的零位：

1. 頸部：從後腦勺至肩膀，呈現筆直的垂直狀態。肩膀位在耳朵正下方。
2. 肩膀：手臂位在耳朵正下方，雙手中指指向大腿內側。
3. 背部：從後腦勺至肩膀，呈現筆直的垂直狀態。
4. 腰部：腹部比胸部凹陷，而且不能過度後仰。
5. 腳趾：腳趾用力張開，腳底呈弧形。

我們身體部位的位置及姿勢，往往很難靠自己看得一清二楚。因此請「側身」站在鏡子前面用眼睛作確認，或是用手機的自拍功能「自拍」下來，再仔細地觀察看看。

## 比較訓練前後差異

大家拍完照片再列印出來之後，請在耳朵、肩膀、手肘、膝蓋、腳踝這五個地方貼上小小的圓形貼紙，如果覺得這麼做很麻煩，也可善用手機照片的繪圖功能。這是為了在做完「零位訓練」的二週、四週後檢查成果，因此會再次貼上圓形貼紙比較訓練前後的差異。

當這五個地方全部位在一直線上，腳尖抬高後也不會往後搖搖晃晃的話，代表你已經調整回零位了。順帶一提，貼紙可於百圓商店購得（日本的百圓商店最棒了！真希望紐約也能開設幾家）。

現在就來逐一檢視這五個部位，看看你的身體究竟萎縮到什麼程度了？接下來，要為大家介紹如何開始實行「零位訓練」。

# 1 頸部

## ～肩膀是否位在耳朵正下方

○

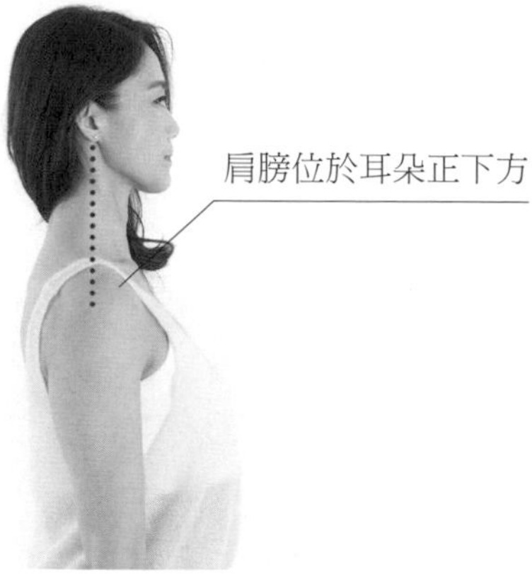


○ **零位↓從後腦勺至肩膀，呈現筆直的垂直狀態。肩膀位在耳朵正下方。**

× 零位走樣↓從後腦勺至肩膀沒有呈現筆直的垂直狀態。肩膀位在耳朵前方。

假如零位走樣，頸部後方會萎縮，因此頸部會變粗又變短。而且下巴會像猴子一樣往前凸出，給人垂頭喪氣的感覺。

**動作檢測：聽到別人從身後呼喚時，能夠隨即回頭嗎？**

- 無論從左右方都能回頭↓◎**沒有萎縮現象（零位）**
- 無論從左右方都很難回頭↓△**有一些萎縮現象**
- 無論從左右方都無法回頭，必須整個身體轉過去↓×**萎縮得很厲害**

## 2 肩膀

～雙手中指指向大腿內側

○

零位↓手臂位在耳朵正下方，雙手中指指向大腿內側。

×

零位走樣↓手臂沒有位在耳朵正下方，雙手中指沒有指向大腿內側。

○

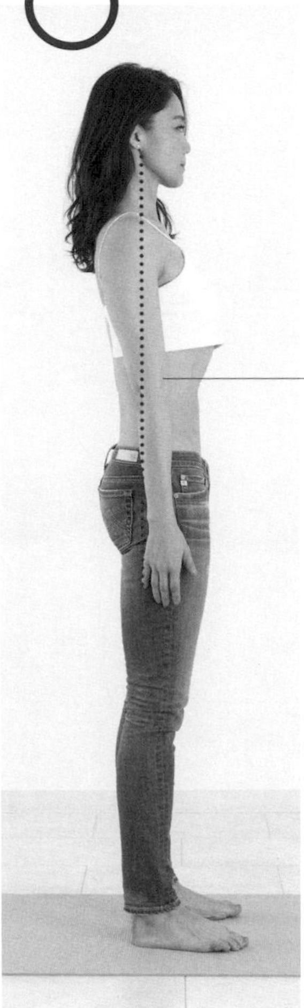

手臂位在耳朵正下方

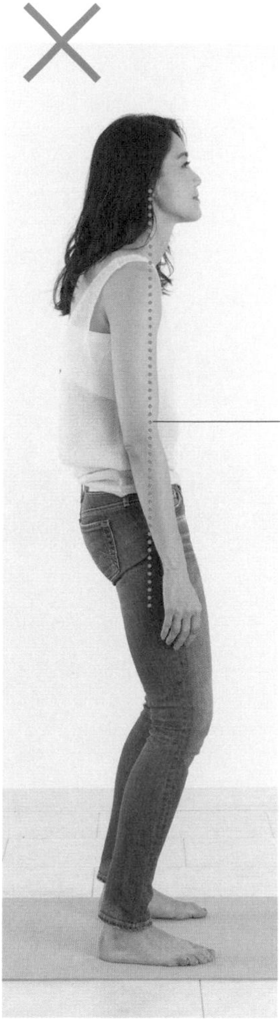

手臂沒有位在耳朵正下方

如此一來，肩膀的位置就會往上靠近耳朵，朝內側縮進去，因此頸部及肩膀周圍會萎縮，給人畏怯的感覺。甚至肩膀會往前傾，手臂位置會往前移動，使雙臂容易囤積脂肪。

**—動作檢測：雙臂往頭頂方向伸直後，手掌能夠朝下交握嗎？—**

- 雙臂能夠緊貼在耳朵後方朝頭頂方向伸直，手掌能夠朝下交握 **↓◎沒有萎縮現象（零位）**
- 雙臂往上伸直時，手臂無法貼在耳朵上 **↓△有一些萎縮現象**
- 即便想將雙臂往上抬高，也只能抬高至肩膀處 **↓×萎縮得很厲害**

# 3 背部

## ～後腦勺與頸部是否呈一直線

○ **零位↓從後腦勺至肩膀，呈現筆直的垂直狀態。**

✕ 零位走樣↓從後腦勺至肩膀，無法呈現筆直的垂直狀態，背部拱起。

若為零位走樣，背部會萎縮變得緊繃，呈現駝背狀態，看起來會沒有自信，背部也會感覺硬梆梆的，給人心機很重的感覺。並且由於背部拱起的關係，腹部會出現皺摺，呈現二、三層游泳圈的狀態。

**動作檢測：站著往前彎腰之後，手能碰到地板嗎？**

- 從頸部至腰部都能拱起來往前彎腰，手掌能碰到地板↓◎**沒有萎縮現象（零位）**
- 背部只能稍微彎曲往前彎腰，指尖勉強能碰到地板↓△**有一些萎縮現象**
- 背部呈一直線無法往前彎腰，手完全碰不到地板↓×**萎縮得很厲害**

# 4 腰部

## ～腰部過度後仰會十分危險！

○ 零位↓腹部比胸部凹陷。

× 零位走樣↓腹部比胸部凸出，而且腰部過度後仰。

一旦腹部比胸部凸出，內臟就會被往前推擠出去，使腰部周圍的曲線消失，給人腰圍很粗的感覺，腰部會變得鬆垮垮、胖嘟嘟。由於膝蓋會彎曲，因此臀部和大腿會往下垂，雙腿看起來就會又粗又短，但是反過來腰部過度後仰的話，又會造成腰痛。

**動作檢測：仰躺下來時，能用雙手將右膝往胸前靠近嗎？此時左膝後側能夠維持貼地的狀態嗎？（※也可以左右換邊進行）**

- 雙腳膝蓋都能往胸前靠近。此時另一隻腳的膝蓋後側能夠維持貼地的狀態 **↓◎沒有萎縮現象（零位）**
- 只有單腳膝蓋能夠往胸前靠近 **↓△有一些萎縮現象**
- 上半身必須起身，否則無法抓住單腳膝蓋 **↓×萎縮得很厲害**

# 5 腰部

## ～腳趾是否能自由張開

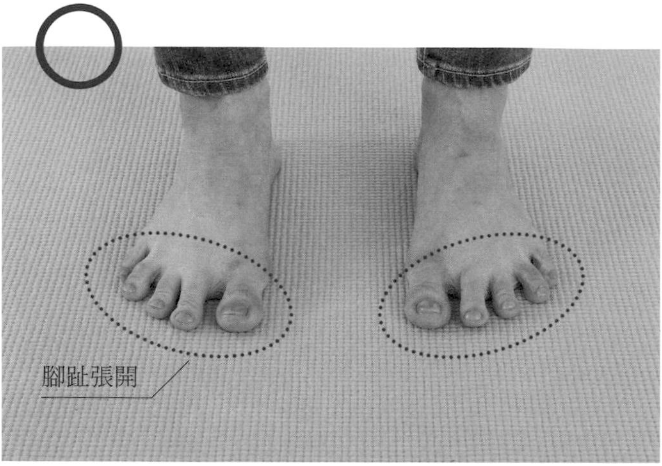


〇 零位→腳趾用力張開，「腳底呈弧形」。

✕ 零位走樣→腳趾無法張開，「腳底幾乎看不出弧形」。

當零位走樣，將全身往上拉提的力量會變弱，腰部會縮起來，背部會拱起，使得肩膀、頸部、下巴往前凸出，給人「老了十歲」的感覺。

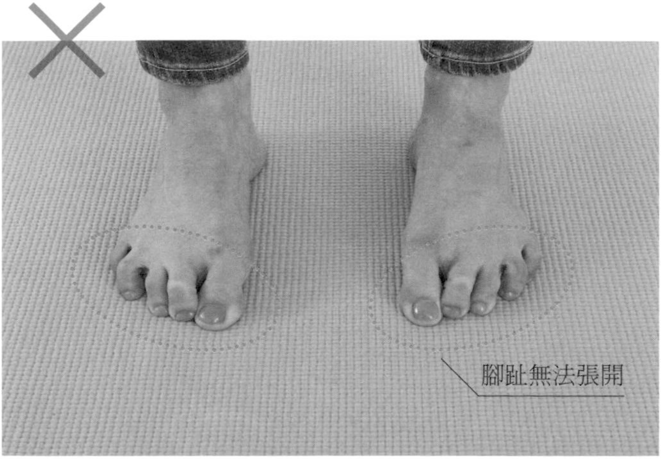


**動作檢測：可以坐在椅子上，用腳趾比出「剪刀、石頭、布」嗎？**

- 可以用腳趾比出所有的「剪刀、石頭、布」→**◎沒有萎縮現象（零位）**
- 「剪刀、石頭、布」中有一、二個比不出來**→△有一些萎縮現象**
- 所有的「剪刀、石頭、布」都比不出來**→×萎縮得很厲害**

# Chapter 3

# 零位訓練
# 實際做看看！

「捨棄自我否定的想法。別再否定自己，
而要否定那些製造機會導致自己心生畏怯的人。」
——可可．香奈兒（Coco Chanel）

終於要來教導大家零位訓練的作法了。

透過零位訓練，

可讓「頸部、肩膀、背部、腰部、腳趾」，

這五處萎縮部位回歸零位（原始的位置），

而且還能燃燒脂肪、提高基礎代謝，

因此能同時做到「矯正萎縮」與「燃燒脂肪」。

接下來為大家整理出零位訓練的注意事項。

# 「零位訓練四週課程」的注意事項

## 1. 通通「躺著」就能做

每一個動作，通通「躺著」就能做，甚至於應該說，正因為「躺了下來」，才能回歸零位。因此即便是感到有點疲累的日子，也能輕鬆進行零位訓練。不分日夜，請大家在方便的時間進行即可。

## 2. 可以完全活用「自體重量」

零位訓練會將浴巾捲起來放在背部下方，仰躺下來進行。只須採取這個躺姿，就能使萎縮的頸部及肩膀逐漸回歸零位。不需要使用任何器材或工具，單靠自己的體重（自體重量），就能輕鬆矯正萎縮現象。

## 3. 關鍵在於「零位訓練呼吸法」

基本上須花3秒時間從鼻子吸氣，再花7秒鐘由嘴巴吐氣。藉由這個呼吸法，讓腹部、背部及肋骨周圍像氣球一樣鼓起來，然後再縮進去，使僵硬不堪的身體獲得放鬆，邊呼吸還能邊運動。

## 4.「鬆弛」&「收縮」

零位訓練可在仰躺的姿勢下，同時實現「矯正萎縮」與「燃燒脂肪」的效果。課程內大部分的動作，都是在「鬆弛」僵硬萎縮的肌肉及關節，最後才會「收縮」肌肉。

如果讓萎縮的肌肉突然間收縮的話，將在萎縮現象尚未解除的狀態下長出肌肉，使得萎縮情形更加惡化，陷入身材變差的惡性循環當中。因此必須先著重在「鬆弛」運動，最後再進行「收縮」運動。

## 5.「四週內」每天都要持續做

首先在四週時間內，請每天持續做零位訓練。許多體驗過零位訓練的學員，都能在四週內出現驚人的變化。只要能持續四週時間，相信你的基礎代謝也將大幅改善。

此時已經如願看出成果的人，可以就此停止訓練，認為好不容易才看出成果，想要繼續瘦下去的人，在第五週過後不妨試著減少成「每週三次」的頻率，例如在週一、週三、週五這幾天做即可。

※運動期間會出現疼痛、發麻、目眩等情形的人，請立即停止運動。

# 每日進行的「零位訓練」課程

第一步先進行「零位訓練呼吸法」，

接下來再進行五種「鬆弛」運動

以及一種「收縮」運動。

請在四週時間內，每天持續進行上述步驟。

STEP0

## 零位訓練呼吸法

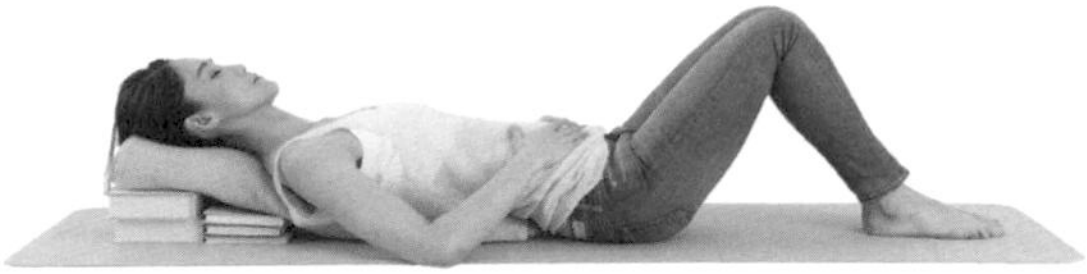

STEP 1

## 鬆弛

（5 種運動）

STEP 2

## 收縮

（1 種運動）

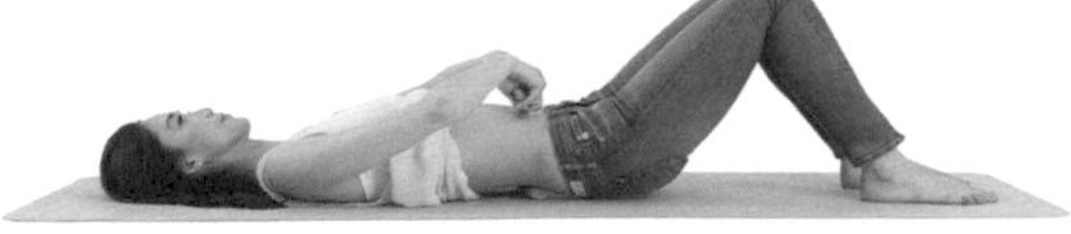

## 準備用品

1. 瑜珈墊
2. 三條浴巾
3. 書本（五、六本）

1

將瑜珈墊鋪在地板上，上頭再疊上3條浴巾。

2

從邊邊仔細地捲起來……。

# 事前準備

3

將所有浴巾捲成圓筒狀。

4

頭部下方擺放2本類似字典厚度的書本，肩膀下方擺放2、3本普通書籍，使浴巾呈現斜斜的角度。

## 基本姿勢

在浴巾上方仰躺下來，並將雙膝立起。

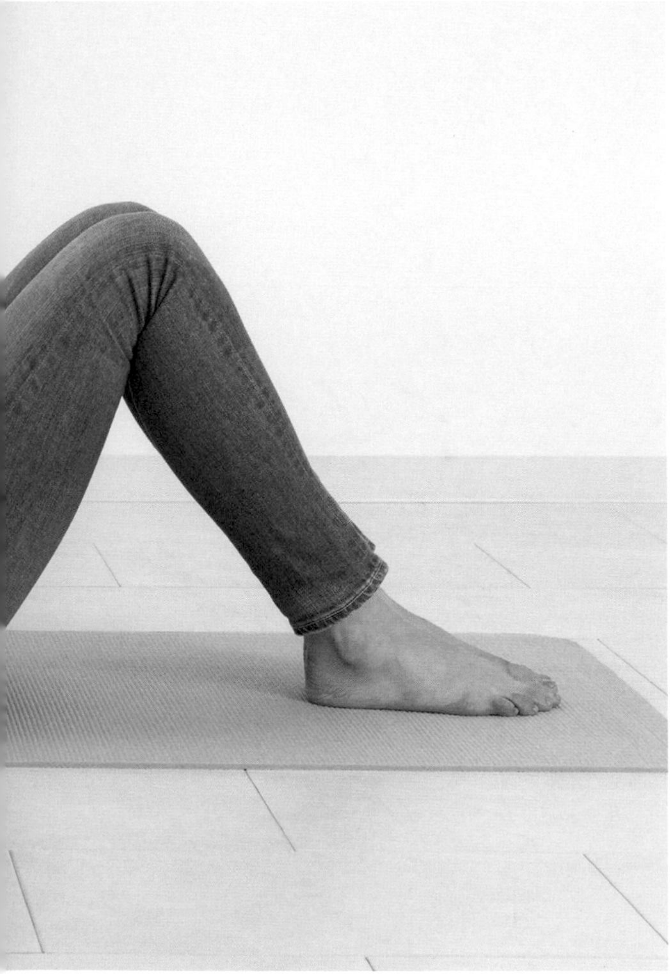

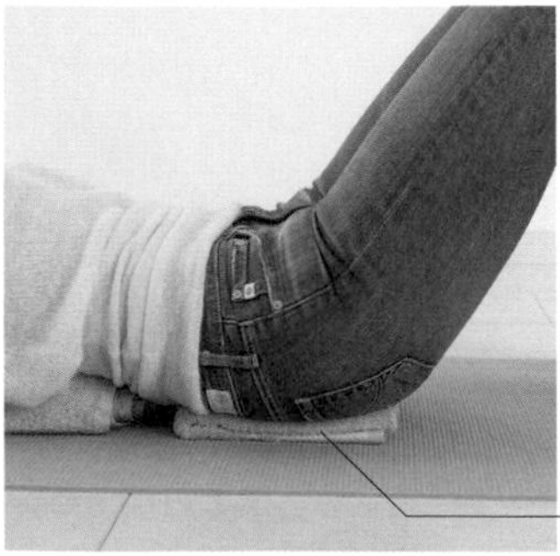

會腰痛的人，最好在臀部下方墊一條擦手巾。

頸椎僵直或是頸部會痛的人、不自覺會在肩頸使力的人，可將毛巾捲起來放在頸部下方，這樣在訓練時會比較輕鬆。

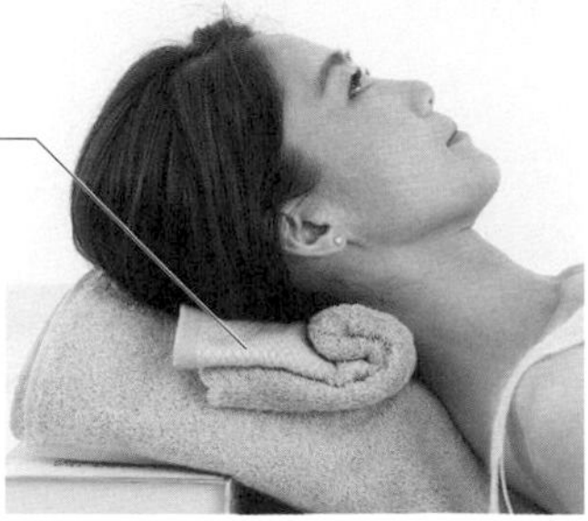

零位訓練

STEP 0

# 零位訓練呼吸法

終於要開始進行零位訓練了。

為了讓萎縮僵硬的各個部位回歸零位，必須鬆弛僵直的身體。此時最能發揮效果的，就是「零位訓練呼吸法」，這種呼吸法是將全身像氣球一樣鼓起來再縮進去。本章為方便大家學習，將分成「普通呼吸」、「肋骨呼吸」、「零位呼吸」三個階段進行解說。等大家上手後，可以跳過普通呼吸與肋骨呼吸，單做零位呼吸即可。

呼吸練習①

# 普通呼吸

～第一步先全身放鬆

重覆3次

仰躺下來，使浴巾捲位在背部的正中央，雙手按著腹部。從鼻子花3秒時間慢慢吸氣，同時使腹部用力鼓起，再從嘴巴「哈～」地一聲，花7秒鐘吐氣，讓腹部用力凹陷。

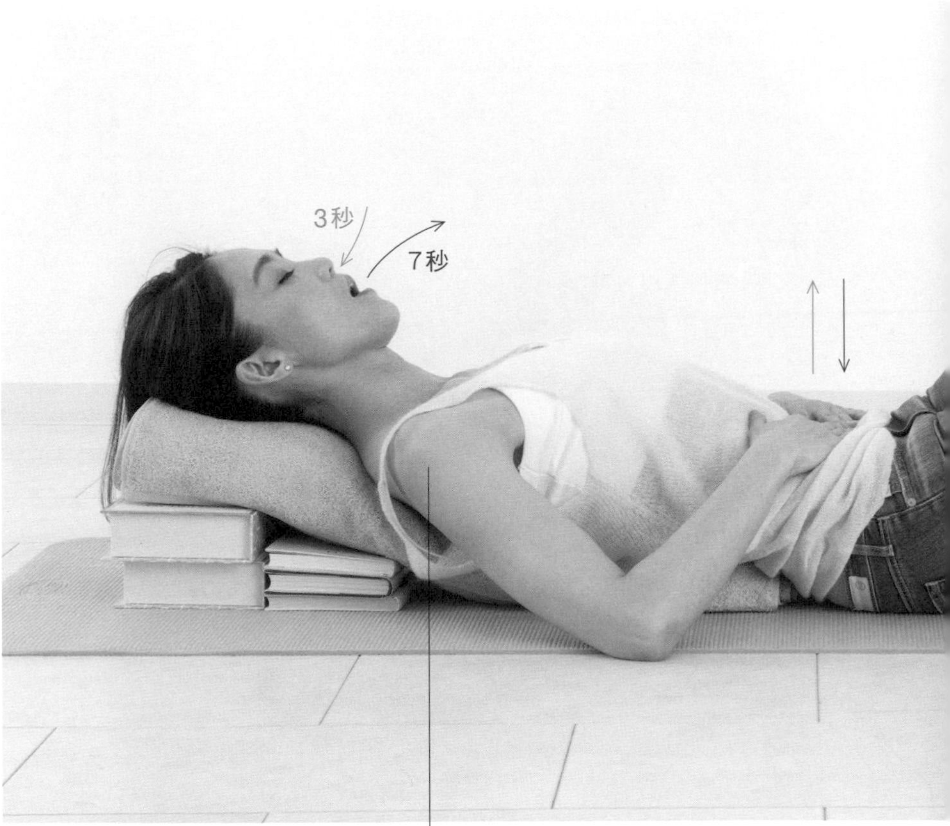


吐氣時發出「哈～」的聲音。若是將嘴巴噘起來「呼～」地發聲吐氣的話，頸部及肩膀會使力。

呼吸練習②

# 肋骨呼吸

～有效改善背部及腰部的萎縮現象

重覆3次

相對於上一頁的「普通呼吸」會讓腹部鼓起，「肋骨呼吸」正如其名，是將肋骨打開來呼吸。請像照片這樣，用雙手按住肋骨，從鼻子花3秒時間慢慢吸氣，同時使肋骨往側邊及後側打開，再從嘴巴「哈～」地一聲，花7秒鐘吐氣，讓肋骨閉闔。

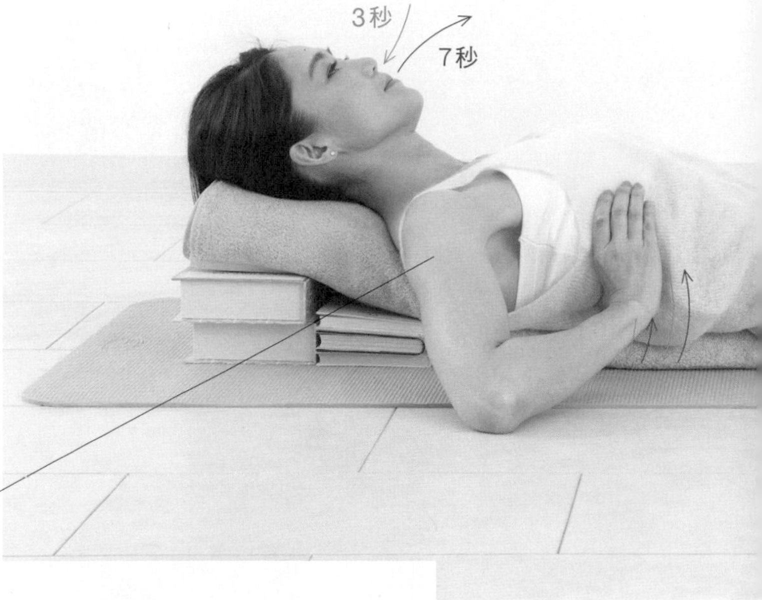


吐氣時請發出「哈～」的聲音。若是將嘴巴噘起來「呼～」地發聲吐氣的話，頸部及肩膀會使力。

用大拇指按住背部，其餘4根手指按住側邊，這樣才容易確認肋骨是否往後側及側邊打開。

# 01 零位訓練呼吸法

## ～有效改善頸部、肩膀、背部、腰部的萎縮現象

同時進行①的「普通呼吸」與②的「肋骨呼吸」，就是所謂的「零位呼吸法」。可讓全身鬆弛，使各部位回歸零位。

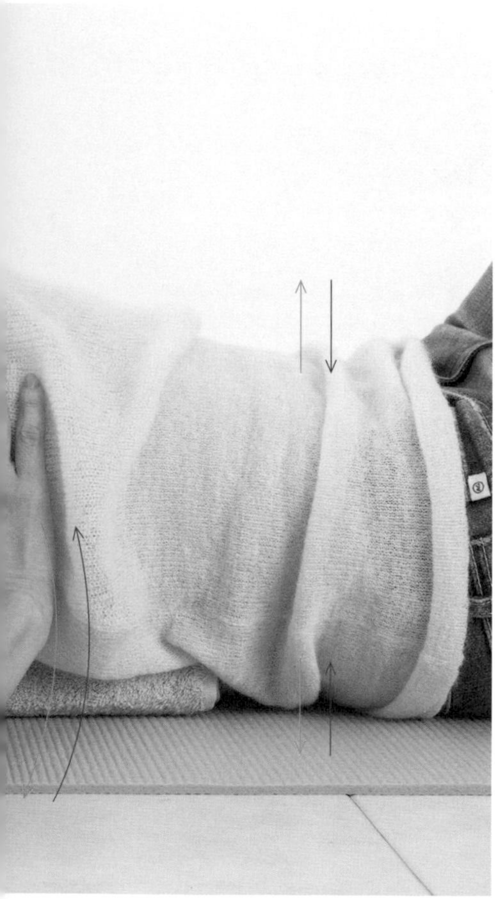

將手靠在肋骨與背部，從鼻子花3秒時間吸氣，同時使腹部鼓起，肋骨打開。此時除了身體前側鼓起之外，側邊、後側全部都要像氣球一樣鼓起來。接下來再從嘴巴「哈～」地一聲，花7秒鐘吐氣，使腹部凹陷，讓肋骨逐步閉闔。

呼吸時要放鬆身體，從容不迫地進行。吐氣時要發出「哈～」的聲音，若是將嘴巴噘起來「呼～」地發聲吐氣的話，頸部及肩膀會使力。

## 零位訓練

## STEP 1

# 鬆弛

運用「零位訓練呼吸法」進行的五種運動，全部都是躺著就能一直做下去。大家不妨試著一邊冥想「請身體好好鬆弛下來」，同時從頭到腳徹底放鬆看看。

# 01 雙臂上下活動

## ～有效改善頸部、肩膀、背部、腰部的萎縮現象

### 1.手臂往上抬高

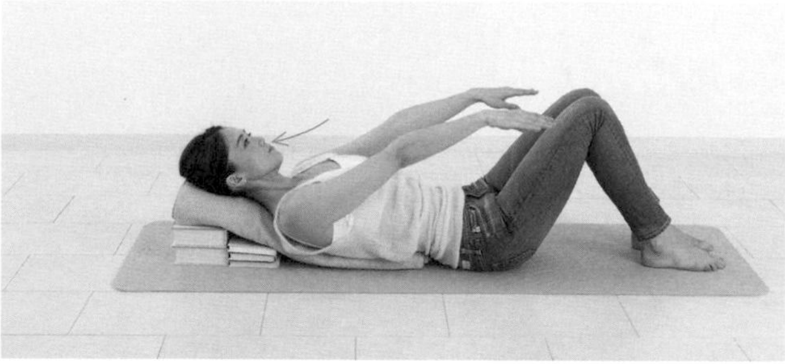

▼

3秒

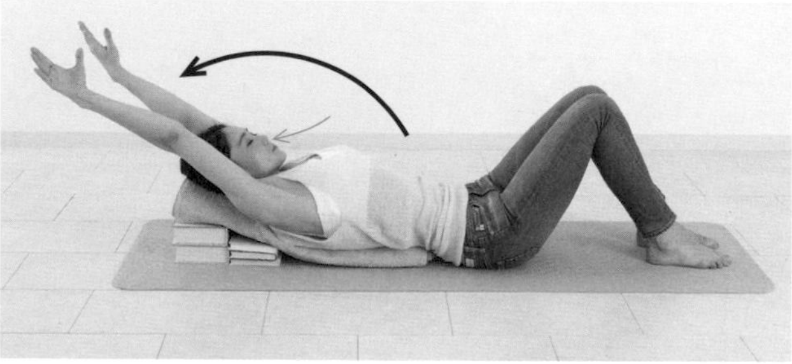

先花3秒時間從鼻子用「零位呼吸法」（參閱90頁）吸氣，同時將雙臂往上抬高至下圖照片的位置。

＊手臂會發麻的人請不要勉強繼續做下去。

## 2.手臂轉動一圈

▼

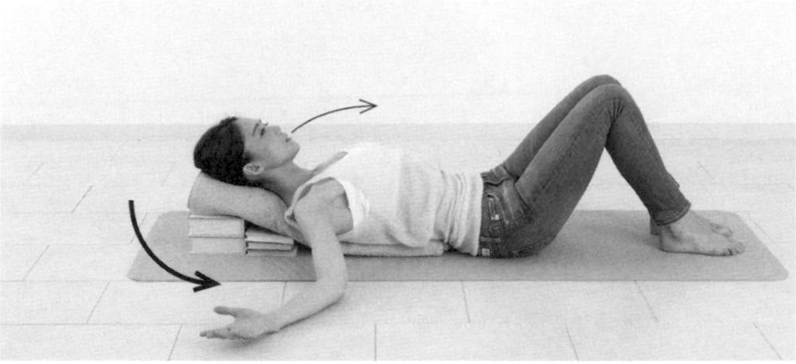

▼

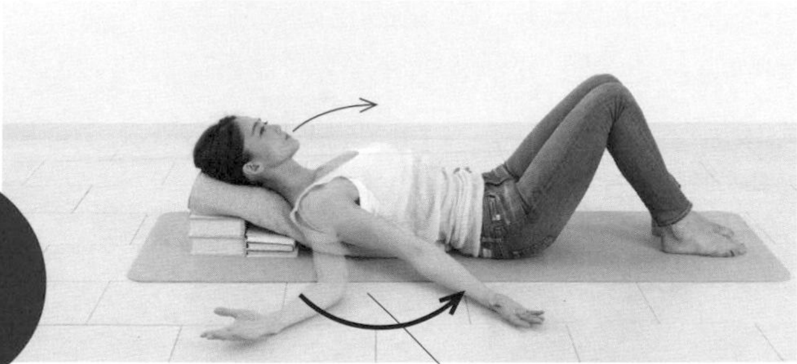

7秒

做3組

最好將手肘貼地。

接下來用「零位呼吸法」，花7秒時間從嘴巴「哈～」地發聲吐氣，同時將手臂大幅度往下轉動。此時要有意識地打開胸部。

# 02 打開胸部

～有效改善頸部、肩膀、背部、腰部的萎縮現象

## 1.打開胸部

3秒

將浴巾捲如同照片這樣，橫向放在背部（胸部正後方）下方，並將雙手於頭部下方交握，接著將雙膝立起。先花3秒時間從鼻子用「零位呼吸法」（參閱90頁）吸氣，同時將胸部打開。

## 2.雙臂伸直

7秒

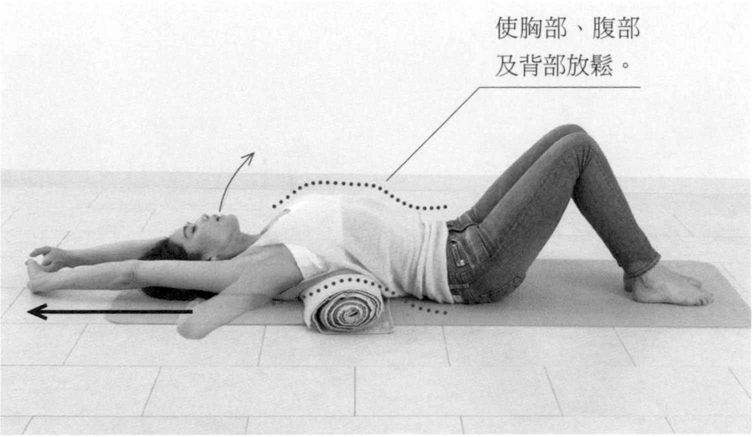


接下來花7秒時間從嘴巴用「零位呼吸法」吐氣，同時將雙臂如同照片一般用力伸直，將背部伸展開來。

做
3 組

# 03 伸展髖關節

～有效改善背部、腰部的萎縮現象

## 1. 懷抱雙膝

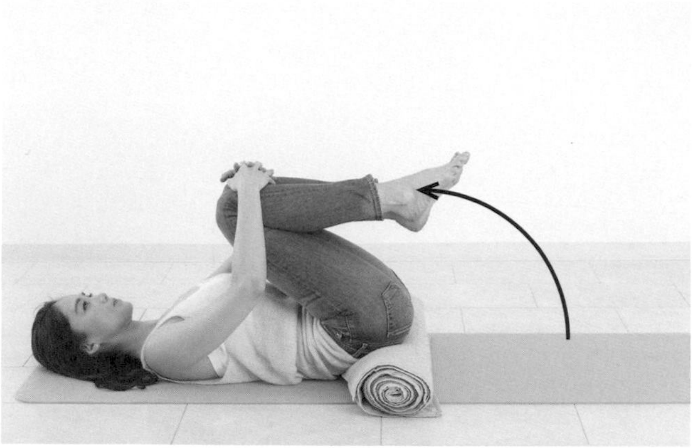

浴巾捲放在臀部下方，將雙膝懷抱起來。

## 2. 左腳放下

3秒

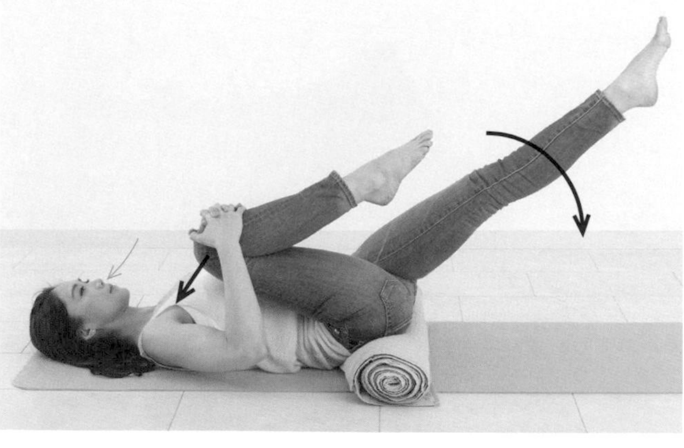

先花3秒時間從鼻子用「零位呼吸法」吸氣，同時抱住右膝拉往右肩方向，左腳開始朝地板下降。

## 3. 用左右腳互相拉扯

7秒

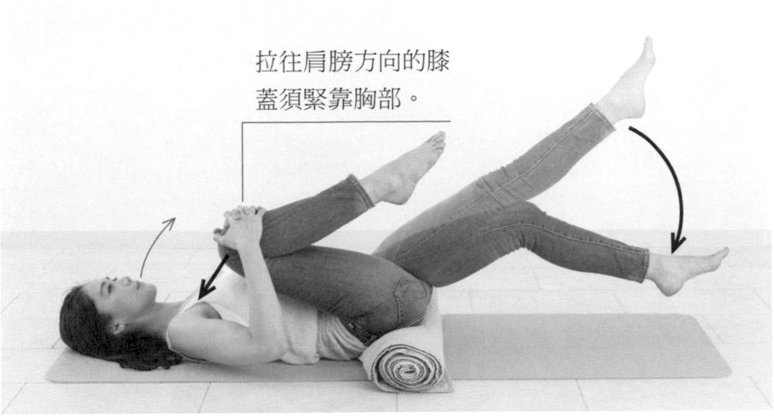


花7秒時間從嘴巴用「零位呼吸法」吐氣，同時繼續將左腳朝地板的方向放下去。利用槓桿原理，使右腳與左腳往反方向互相拉扯後，鼠蹊部（雙腳根部）會有伸展開來的感覺。然後左右腳換邊以相同方式進行。

做
2 組

# 04 雙腳呈4字型

～有效改善背部、腰部的萎縮現象

## 1.將腳擺成4字型

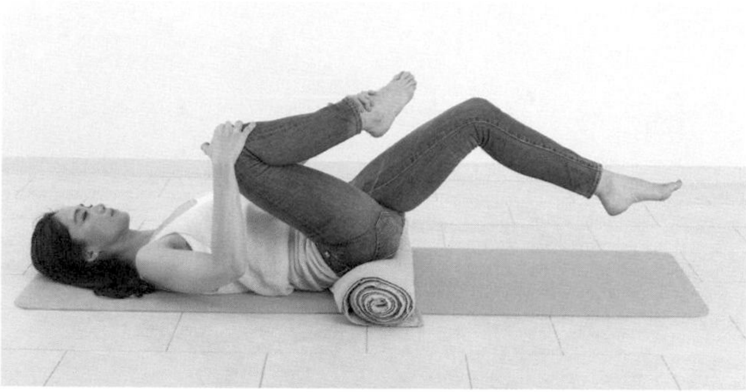

▼

3秒

從上一個「伸展髖關節」的姿勢，將右腳踝骨靠在左膝上，擺成4字型。花3秒時間從鼻子用「零位呼吸法」吸氣，同時使雙膝呈現水平狀態。

## 2.拉左膝，推右膝

7秒

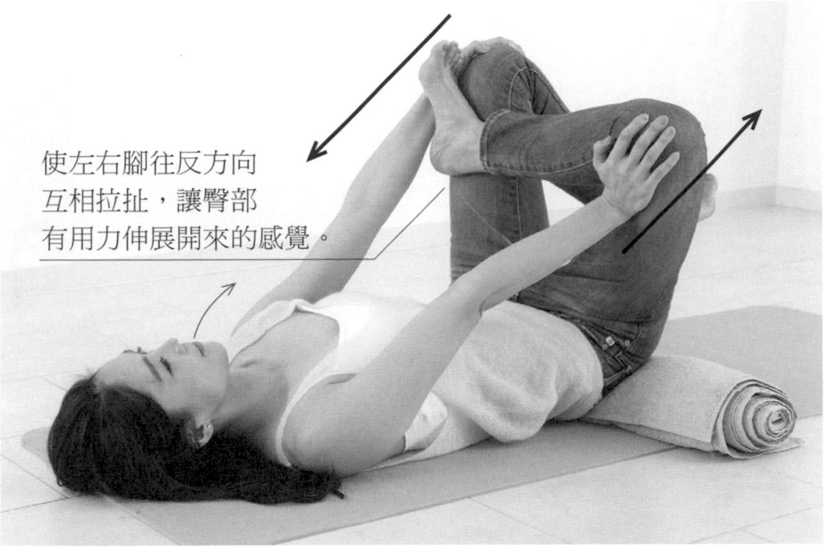
使左右腳往反方向
互相拉扯，讓臀部
有用力伸展開來的感覺。

接下來花7秒時間從嘴巴用「零位呼吸法」吐氣，同時將右膝往前推，將左膝朝臉部方向拉。然後左右腳換邊以相同方式進行。

做
3 組

# 05 張開腳趾

～有效改善腳趾的萎縮現象

## 1.將手指插入腳趾之間

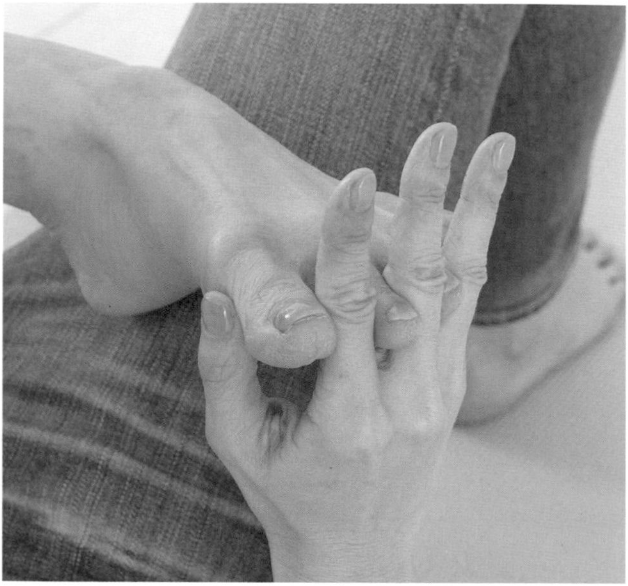

從上一個「雙腳呈4字型」的姿勢，將單膝立起，再像照片這樣將手指插入另一隻腳的腳趾之間。

## 2. 往腳背彎曲

7秒

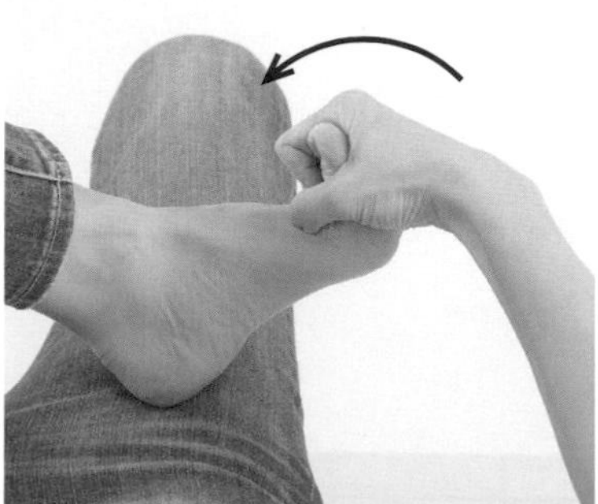

從嘴巴花7秒時間「哈～」地發聲吐氣，同時將腳趾往腳背彎曲。

## 3.往腳跟彎曲

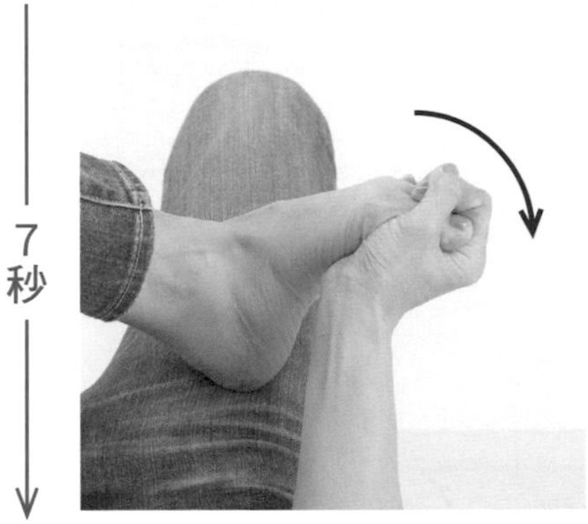


從鼻子吸氣同時放鬆力氣，再從嘴巴花7秒時間「哈～」地發聲吐氣，同時將腳趾往腳跟彎曲。

## 4. 往外拉扯後鬆開

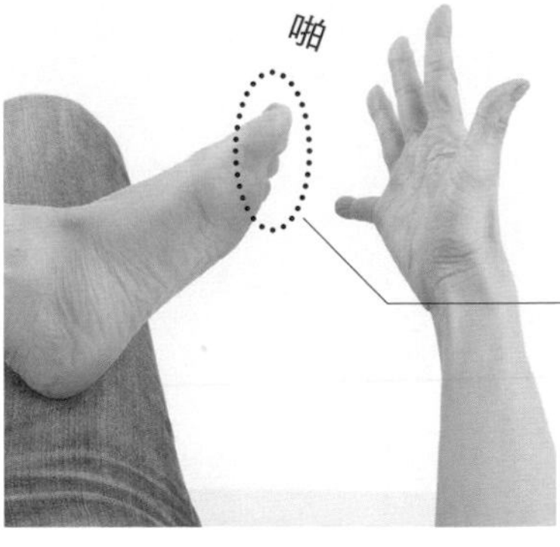


鬆開時，像是要將
所有腳趾往外拉扯
伸展開來的感覺。

最後一邊吸氣，一邊「啪」地用力將手鬆開。然後另一隻腳也以相同的方式進行。

做
**3** 組

零位訓練

STEP 2

# 收縮

在鬆弛過後，還需要做一種收縮運動，藉由一聲聲咳嗽使腹部形成一面硬牆，逐步鍛鍊體幹。最後再以站姿來檢查「零位」的狀態，相信你一定會出現如同生出羽翼般輕盈的感覺。

# 01 咳嗽硬腹升降梯

## 1.用手指按壓腹部

仰躺下來，用雙手食指按壓下腹部的兩側。

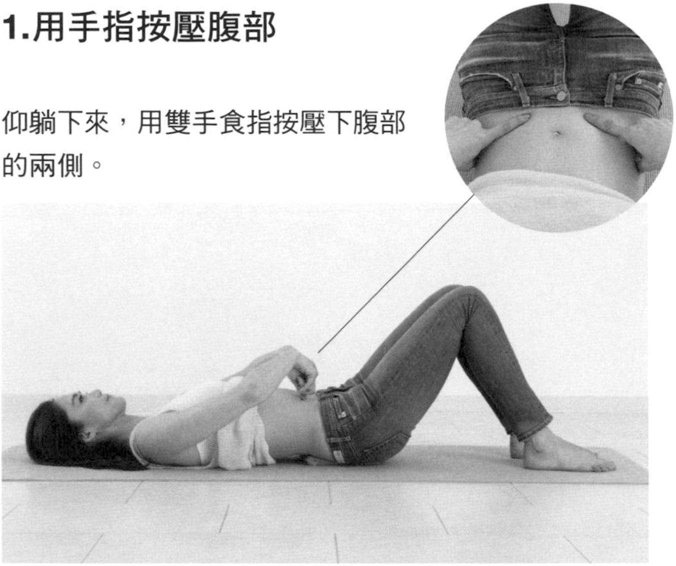

## 2.咳嗽使腹部變硬

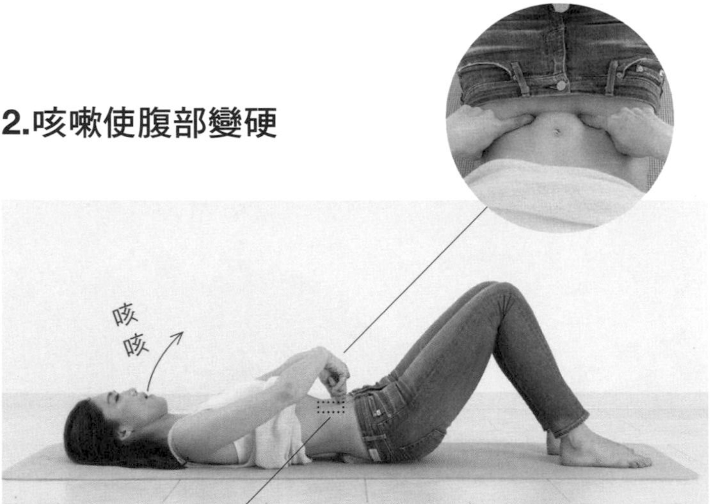


7秒

使腹部變硬。

從嘴巴花7秒時間「哈～」地發聲將氣吐盡後，再咳個兩聲，然後確認腹部已經變硬。

## 3.如同升降梯一般逐漸往下降

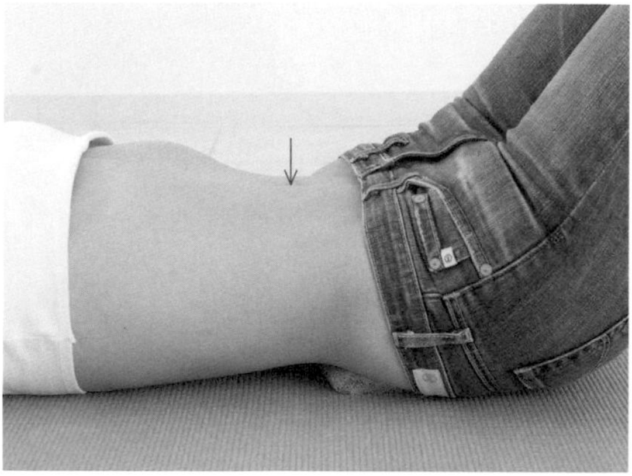

腹部維持「堅硬」的狀態，反覆做5次「從鼻子吸氣3秒，從嘴巴吐氣7秒」的動作。每次反覆呼吸時，使「變硬的腹部」如同升降梯一般逐步往下降。

做
3 組

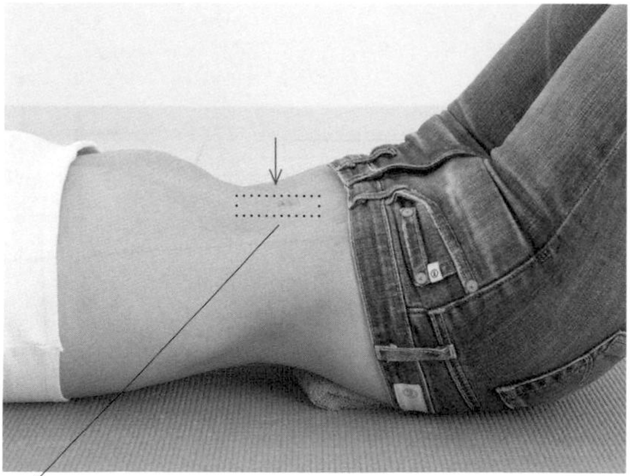

腹部要維持「堅硬」的狀態，絕對不能變軟。

＊孕婦、會腹痛或目眩的人請避免做這個運動。

# 最終確認 以零位站立

## 1.讓腹部往外澎脹鼓起

雙腳以間隔一個拳頭的距離打開站好，雙手食指放在腹部，再從鼻子花3秒時間吸氣，同時將腹部、腰部（背部）鼓起來。

3秒

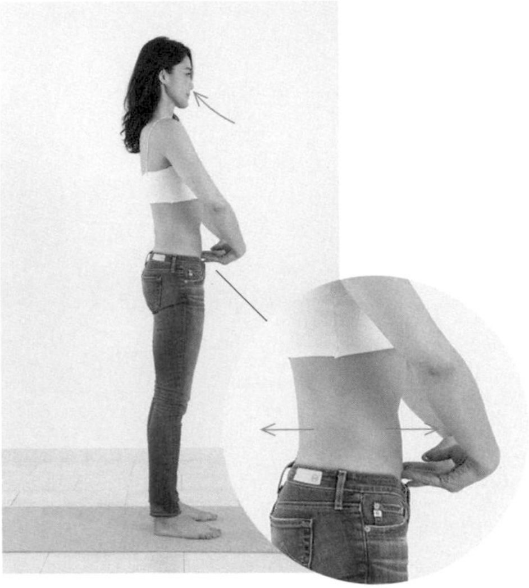

## 2.將腹部往內凹用力變硬

從嘴巴花7秒時間「哈~」地發聲將氣吐盡使腹部凹陷後，再咳個兩聲，使腹部變硬。

7秒

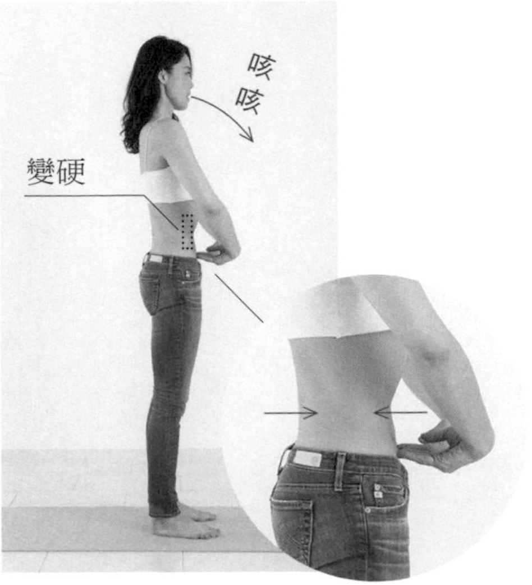

## 3.雙手放在身體兩側

腹部維持「堅硬」的狀態，將雙手移往身體兩側。

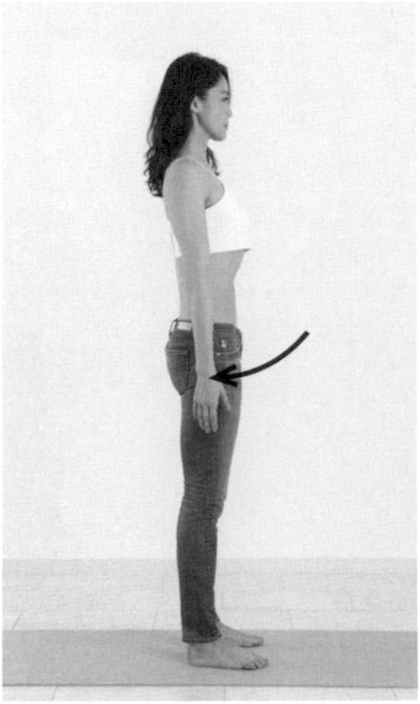

## 4.轉動雙手

雙手往後旋轉，同時使胸部打開，並將雙腳腳尖抬高，使姿勢稍微往後傾。

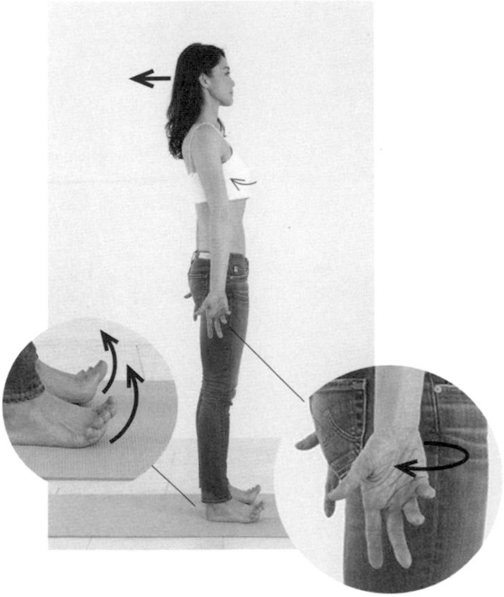

## 零位訓練結束！

做 1 次

這就是耳朵、肩膀、手肘、手腕、膝蓋、腳踝
呈一直線的零位，
每天的運動就以這個姿勢做結束。

零位的姿勢，
最好能夠帶有「稍微後傾」的感覺。
如此一來，腹部才會用力，
讓你在日常生活中無論站立或走路時，
都能自然呈現零位的姿勢。

Chapter 4

# 使「身高」瞬間抽高的零位訓練

「最重要的不是看起來如何，
而是真實狀態究竟如何。」
——瑪丹娜（Madonna Louise Ciccone）

只要一分鐘的時間，身高就能抽高兩公分。

看到我寫的這行字，或許會有人質疑：「這是真的嗎？」

我們的身體會在不知不覺間萎縮，只要讓身體回復原狀，

身高就能瞬間增加兩、三公分。

其實當初我設計零位訓練的目的，並不只是想讓體重減輕，

而是要讓身材變美。

接下來要為大家介紹三種運動，讓你的身高能「瞬間」抽高。

「姿勢改善後，身材看起來就會修長。」

請大家藉由這些運動，讓自己的身體變得更有魅力。

魔法將會在瞬間展現出來喔！

# 01 讓「雙腳」瞬間拉長的零位訓練 ❶

萎縮的大腿能瞬間回歸零位，使雙腳變修長

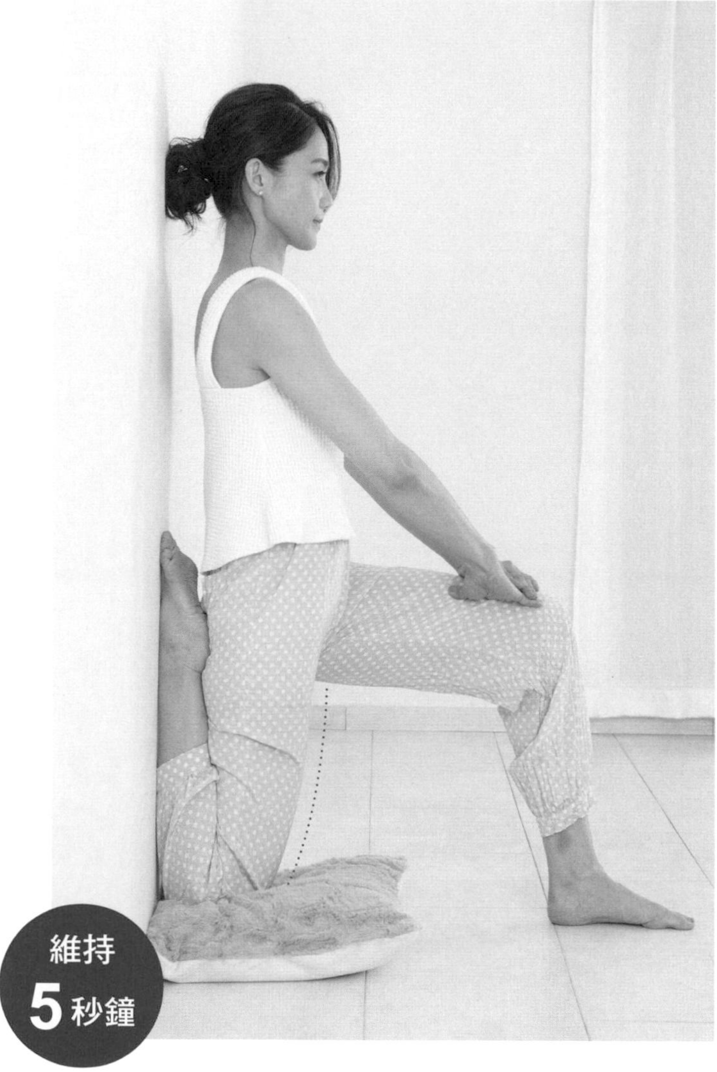


將抱枕放在牆壁前方，使左膝立起，右膝如同照片這樣在抱枕上彎曲。接著自然呼吸。然後另一隻腳也以相同方式進行。

膝蓋不容易彎曲的
人，最好放張椅子
用手扶著，將身體
稍微前傾。

＊會痛的人絕對不要勉強繼續訓練。

# 02 讓「雙腳」瞬間拉長的零位訓練❷

## 萎縮的雙腿後側能全部瞬間回歸零位，使雙腳變修長

椅子放在牆壁邊，右腳抬高放在椅子上，用嘴巴「哈～」地發聲吐氣，同時將上半身前傾。此時膝蓋不能彎曲。然後另一隻腳也以相同方式進行。

維持
5 秒鐘

＊會痛的人絕對不要勉強繼續訓練。

# 03 讓「頸部、背部、腰部」瞬間伸展的零位訓練

萎縮的頸部、背部、腰部能瞬間回歸零位，使身高抽高

1

站在牆壁前方雙腳打開比肩寬稍微小一些，雙手放在臉部前方。接著以這種姿勢將臀部頂出去，伸展背部及腰部。切記做動作時臉部須一直朝向正前方。

**2**

接下來用力往上伸展，同時將雙腳腳跟抬高，臀部用力緊縮，臉部朝天花板抬高，有意識地將背部、腰部、大腿後側伸展開來。

＊會痛的人絕對不要勉強繼續訓練。

# Chapter 5

# 讓我歸零

「正視自己，認真且全力過生活。
這就是『活在當下』的意思。」
——安潔莉娜·裘莉（Angelina Jolie）

## 心靈的「零位」在何方

前文為大家說明了如何使「身體」回歸零位的方法，在本書的最後，我想來談談使「心靈」回歸零位的話題。

使身體回歸零位，就是「讓耳朵與肩膀位在一直線上」，可以用外觀及物理層面的位置關係來解釋。

但是提到心靈的零位，指的又是哪個地方呢？

此外，讓心靈回歸零位又代表什麼意思呢？

我有一位紐約的友人，曾經跟我聊過他的看法。

**我在辦公桌上擺了小型的觀葉植物，一個禮拜必須澆二次水，但是每當我忙碌或焦躁時，總會不知不覺忘了給它澆水。如此一來，這個盆栽就會失去活力。看到它這副模樣，我總是覺得很感嘆。**

**我失去平常心了。（I wasn't myself.）**

**換句話說，這個盆栽就像我心靈的反射鏡。當這個盆栽失去活力時，就是在暗示我的心靈迷惘了。**

**後來我發現每當這種時候為盆栽澆水之後，我的內心也就能平靜下來。**

他說的這番話，在在提醒了我們一件事。

當你忙碌、焦躁，總是覺得有事煩心時，你的心便會逐漸遠離「原始」的位置。

如此一來，心靈會疲憊不堪，甚至毫無閒情逸致為植物澆水。

所謂心靈的零位，指的是沒有不安、不滿、緊張等情緒，處於「歸零的寧靜狀態」。

也就是說，心靈會如同生出羽翼般輕盈。

## 曾經想成為「某個人」

究竟要如何才能使心靈「歸零」——呈現如同生出羽翼般輕盈的狀態呢？

其中一個方法，就是前文介紹過的，使身體回歸零位。身心是相連的，當身體狀態良好時，心靈肯定也會變輕盈。

另外一個方法，就是瑜珈世界所提到的「內觀」。

所謂的內觀，就是觀察自己內在的精神狀態。唯有歷經這個過程，才能找到個人心靈的零位。

如果你總是擔心東擔心西，心神不安。

如果你聽到他人的隻字片語就會滿心焦躁。

如果你總是羨慕別人，不停地勉強自己減肥……。

你必須以「客觀」的角度審視自己的內心狀態，將自己導向拋開這些紛擾的零位。話雖如此，總是感到不安或不滿的人，似乎對於這些情緒已經習以為常，甚至很難理解原本寧靜的內心究竟屬於怎樣的狀態。

這種時候，可以像我的那位紐約朋友一樣，放盆觀葉植物或花卉盆栽，藉由盆栽的健康狀態，即可有效了解自己的內心狀態。

實際上，並非只有植物能成為心靈的測量儀。

大家可以看看書櫃或衣櫃裡是什麼模樣，是不是比之前散亂了呢？孩子是不是有跟妳說，「媽媽妳最近的表情好可怕」呢？

從這些日常現象當中，都能顯現出自己心靈的位置。只要留意這些現象，相信就能提醒自己回到「原始的位置」。

如果能像這樣使心靈回歸「零位」，甚至能讓你不用減肥。

人會變胖，並不是因為蛋糕、零食或啤酒，會導致你過食的，是因為你的心很亂。當你能夠平定內心的混亂，就能結束永無止境的減肥行為。

當初我為了登上百老滙舞台而來到紐約的時候，為了贏得試鏡角色，我裝作外國人的模樣，模仿他們的說話方式。我既羨慕又嫉妒通過試鏡的九頭身女演員及模特兒，拚了命勉強自己減肥，希望能像她們的身材一樣。

結果最後，我想成為的是「某個人」，我不再是我，而是變成了別人。但是當我愈想這麼做，我內心的陰暗面愈是沉重，愈無法滿足，也變得愈發空虛。

然而當我能「內觀」自己的內心之後，我便能了解自己，就連不完美的自己也能完全接納，藉此才終結了長達二十年的失敗減肥行為。

我找到了自己的「零位」，接受現實並且不斷磨練，最終發現「自己」就在前方。

從此以後，我變得想要投入新事物，許多事情令我躍躍欲試，整個人對未來充滿希望，變得積極向前。

於是我才了解，這正是心靈回歸原始位置後，所獲得的最大效果。

## 專注於「當下」就能回歸「零位」

沒有人能夠長時間完全處於零位。

人心會浮動，會迷失。

雖然這些現象偶爾也能成為能量，但是持續耗費能量，會使人精疲力盡。

正因為如此，才需要再次回歸零位。

有句禪林用語叫作「莫妄想」。

它教導我們「不妄想，只專注於當下應該做的事情上」。

在禪的世界裡，「妄想」指的並非空想或誇大妄想，而是自己內心製造出來的痛苦、不安及煩心事。

我們可能會被人討厭，或許會覺得事事不順。

當我們被這些尚未發生的未來擔憂給囚禁時，就會心無餘力，對未來不再抱持期待。

你所擔心的事情，大部分都不會發生，那些不過是妄想。斷開妄想，專注於眼前應該做的事情，像這樣使心靈歸零，才能對未來充滿期盼。

現在你的心位在何方呢？

請你閉上眼睛，用力地慢慢深呼吸數次，同時尋找心靈的去向。假如你正受困於尚未發生的負面妄想，就請你將這些妄想拋開，讓心靈回歸零位。

因為唯有處於從容不迫的狀態，才是你原本的模樣。

# 後記

紐約被譽為健康、最新型運動及瑜珈的聖地，許多席捲全世界的健康資訊，都是發源自這裡。

有時我回到日本，看到健身雜誌或健身房的流行趨勢，會發現大部分果然還是源自於紐約。

最近我也開始發現到「私人訓練課程」的潮流。其實私人訓練課程在紐約早已司空見慣，但在日本似乎也開始形成一股趨勢。

話雖如此，相信在日本普遍還是「一個人上健身房，一個人鍛鍊後再回家」，或是「參加集體訓練課程」。

反觀在紐約，大部分的人都是與私人教練一起做運動，絕對不會自己想怎麼訓練就怎麼訓練。

我在紐約也會去上眾所皆知的「Equinox」健身房，華爾街的商業人士以及模特兒，另外包括孕婦或高齡者，大部分的人也都是接受私人教練的指導。

健康意識甚高的紐約客，十分了解健康的重要性。如今更會花錢去好好鍛鍊身體，設法保養身體，以減少未來的醫療開支，為人生百歲做好準備。

因為紐約客熟知健康、自由、幸福的真正價值。

## 看起來比實際年輕十歲的紐約客

我在紐約時常發生讓我驚為天人的事情，因為這裡的男男女女「都比實際看起來年輕」。也就是說，某人實際年齡雖然超過五十歲，但是外表看起來大多會年輕「十歲」。

我認為造成這種現象的原因有二個：

其一是他們很注重保持身體年輕這件事。

其二則是他們對自己的年齡沒有設限。

話說在紐約問別人年紀多大，這句話本身就會造成性騷擾。不像日本人會去在意他人的年齡，紐約客並不流行自己年齡多大，就得做合乎年齡的舉止，重要的是這個人的個性，擁有哪些特質，年齡並不會成為衡量一個人的標準。

紐約比東京小，花個一天便能走透透，但在這裡卻有思想以及文化各異的人，彼此切磋琢磨且生活在一起，有如「世界人種大熔爐」。為了減少彼此的壓力及爭執，必須尊重並吸收對方的文化。

除此之外，最重要的是展現個性，明白「自己在想什麼？想怎麼做？」才能更舒適自在的過生活。

之前我母親來紐約時，想去離家一分鐘遠的咖啡廳，不過她卻猶豫著「穿著邋遢該不該出門」。「妳放心，沒有人會去在意妳的。」母親在聽到我這樣回答後，竟滿臉不開心，等到她習慣紐約的生活，這才發現真的沒有人會去在意她，後來她說之後回到日本生活時，也變得隨心所欲、輕鬆自在。

不知道別人怎麼想……。我們不應該藉由他人的評價來衡量自己，應該重視

「原本的自己」。我認為住在紐約的人，就是靠著這樣的觀念，才能一直保持年輕，充滿自信地生活下去。

請你為了自己做「零位訓練」，無須去在意年齡或周遭人的意見。這樣當你減輕體重、身材變美、身心猶如生出羽翼般輕盈時，這一切才能全然屬於你。

歡迎來到「零位」的世界。倘若本書能幫助大家變得輕盈，我將備感榮幸。

石村友見

HealthTree 健康樹 健康樹系列124

# 修身顯瘦的零位訓練

## 讓身體各部位回歸原始位置，長年累積的深層負擔就會消失，身心賦活輕盈

ゼロトレ

作　　者　石村友見
翻　　譯　蔡麗蓉
總 編 輯　何玉美
主　　編　王郁渝
編　　輯　簡孟羽
封面設計　張天薪
內頁排版　顏麟驊

出版發行　采實文化事業股份有限公司
行銷企劃　陳佩宜．黃于庭．馮羿勳．蔡雨庭
業務發行　張世明．林踏欣．林坤蓉．王貞玉
國際版權　王俐雯．林冠妤
印務採購　曾玉霞
會計行政　王雅蕙．李韶婉
法律顧問　第一國際法律事務所　余淑杏律師
電子信箱　acme@acmebook.com.tw
采實官網　www.acmebook.com.tw
采實臉書　www.facebook.com/acmebook01

I S B N　978-986-507-005-2
定　　價　320元
初版一刷　2019年5月
劃撥帳號　50148859
劃撥戶名　采實文化事業股份有限公司
　　　　　104臺北市中山區南京東路二段95號9樓
　　　　　電話：（02）2511-9798
　　　　　傳真：（02）2571-3298

國家圖書館出版品預行編目資料

修身顯瘦的零位訓練：讓身體各部位回歸原始位置，長年累積的深層負擔就會消失，身心賦活輕盈／石村友見作. -- 初版. -- 臺北市：采實文化，2019.05
136面；14.8×21公分. --（健康樹系列；124）

ISBN 978-986-507-005-2（平裝）

1. 塑身　2. 健身操

425.2　　108004807

采實出版集團 ACME PUBLISHING GROUP